儿童心理技能训练·父母篇
——如何陪孩子走过那些成长困难

刘书颖 著

图书在版编目（CIP）数据

儿童心理技能训练.父母篇：如何陪孩子走过那些成长困难/刘书颖著.－－北京：中国书籍出版社，2021.5
ISBN 978-7-5068-8454-9

Ⅰ.①儿… Ⅱ.①刘… Ⅲ.①青少年心理学—手册②儿童心理学—手册 Ⅳ.①B844-6

中国版本图书馆CIP数据核字(2021)第074281号

儿童心理技能训练.父母篇：如何陪孩子走过那些成长困难

刘书颖　著

责任编辑	邹　浩
责任印制	孙马飞　马　芝
封面设计	东方美迪
出版发行	中国书籍出版社
地　　址	北京市丰台区三路居路97号（邮编：100073）
电　　话	（010）52257143（总编室）　（010）52257140（发行部）
电子邮箱	eo@chinabp.com.cn
经　　销	全国新华书店
印　　刷	北京睿和名扬印刷有限公司
开　　本	710毫米×1000毫米　1/16
字　　数	179千字
印　　张	17.25
版　　次	2021年5月第1版
印　　次	2023年5月第2次印刷
书　　号	ISBN 978-7-5068-8454-9
定　　价	46.00元

版权所有　翻印必究

自 序

过往十年间，我从事儿童心理咨询和家庭心理咨询工作，也长期开设儿童心理技能训练课程，经手了大量的儿童心理问题和家庭亲子关系问题的个案，如孩子情绪黑洞，在校人际关系差，沉迷网络无心学习，内向孤僻，家庭氛围紧张，亲子关系无法协调等。这些问题，不仅让孩子痛苦，同时也让为人父母者感到疲惫、焦虑、无助。为什么我帮不到我的孩子？有些家长选择找我——专业儿童心理咨询师来解决这些问题。接待儿童个案过程中，我能解决大部分孩子的问题，但同时我观察到一个现象，仅针对孩子的心理咨询或者心理技能训练课程，孩子在咨询和课程中，往往表现挺不错，可是回到家，心理咨询效果不易持续，学习到的心理技能有时候用不上，且问题容易反复，很多负面的情绪、错误的认知和偏差的行为往往会再次发生。

为什么会发生这样的情况呢？其实是因为孩子回到过去导致他出问题的家庭互动模式，在这个模式中，父母是主导者并且不懂得孩子心理发展的特点，不了解孩子真正的需求，也不知道该如何帮助孩子巩固和强化心理咨询和心理技能学习的成果。家庭环境没有改变，孩子浸淫其中，难以真正获得变化与发展。由此，我深深地意识到教育家长甚至比教育孩子更加重要。

人们第一次成为父母时，并不需要参与专门的儿童心理理论的学习，也没有被要求考一个"父母从业资格证"，面对孩子的教育主要靠幼时的记忆和传统观念，有时心里会这样想："我爸妈就是这样教育我的""老一辈都是这样教"。但是当代与过去有翻天覆地的变化，父母们也面临着前所未有的挑战。几十年前，孩子小的时候，父母只要解决孩子的温饱，把小孩养大，让孩子上学。今天，父母要让孩子吃得营养、穿得舒适、上好的学校，但这还远远不够。处在当下信息爆炸时代的孩子们面临的心理压力与挑战远超前人。

现在的很多孩子从小要应对各种各样的补习班，小山一般重的书包和仿佛做不完的作业也压在了孩子幼小的心灵上。很多家长对培养孩子的语数英等学科能力很重视，也愿意付出极大的代价去帮助孩子提升相关能力。但是对情绪管理能力、社交能力、认知能力、意志行为能力等心理能力却显得不够重视。很多家长总觉得，这种技能等孩子长大了，懂事，就会了。但是殊不知，这些能力和学科能力一样，获得和成长并不是单纯靠天生，这些能力同样需要不断的学习和练习。比如一个孩子，小时候很爱跟父母发脾气，父母忍了，觉得等他长大，能理解父母的难处了，脾气就自然能控制住。可是等孩子长大了，能不能理解父母难处另说，但是已经习惯了用发脾气的方式应对大人，要改变长久以来习惯的行为模式其实比年岁尚小的时候习得正确的调解负面情绪的能力和正确表达情绪的方法可难太多了。

自 序

我写作这本书的初衷是将我多年的临床儿童心理咨询经验、儿童心理技能训练方法和技巧传递给更多的父母，让他们能运用科学的儿童心理学，从多方面了解孩子，培养孩子的情绪管理能力、社交能力、专注力、创造力等基础能力。这本书包含了几乎所有儿童身上常常发生的心理相关问题，当教育孩子感到困难时，家长能够快速从这本书中找到相应的案例，并学习到应对方法，避免自己的行为或语言伤害到孩子。

家庭是孩子的第一堂课，一个温馨、稳定的家庭环境对孩子的心理健康非常重要。这本书中也结合了婚姻家庭治疗的理论，帮助家长维护家庭的和谐，让孩子免受来自原生家庭问题的冲击和伤害。与很多科普书籍不同的是，这本书为了更方便你理解和应用心理学知识，会把心理学原理用生动、简单、平实的语言来解释，并附有大量的咨询案例，阅读轻松有趣；针对孩子不同的问题会有应用技巧和实操举例，让你随时可用，不需要自己冥思苦想，也不会出现学会了不会用的情况；在每一章节后附有训练方法和作业，家长可以使用测评清晰地了解孩子相关心理技能的发展水平和该技能的家庭训练方法。

最后感谢成书过程中，我所有的学员提供的支持和鼓励，感谢我的小助手刘允枫对讲稿的整理和插画的绘制。更重要的，感谢阅读这本书的你，谢谢你选择了这本书，这本书会是你的教练手册和育儿宝典，能帮助你轻松教育孩子，让孩子快乐成长。

目 录

模块一
儿童情绪管理能力

第一章　科学认识儿童的情绪和情绪发展 / 2

　　第 1 节　为什么开篇谈情绪管理 / 2

　　第 2 节　认识情绪 / 9

第二章　帮助孩子做情绪的小主人 / 16

　　第 1 节　悲伤：如何帮助经常哭哭啼啼的孩子？/ 16

　　第 2 节　愤怒：如何帮助经常暴跳如雷的孩子？/ 23

　　第 3 节　恐惧：如何帮助怕东怕西的孩子？/ 29

第三章　帮助孩子处理复杂的复合型情绪问题 / 38

　　第 1 节　悲观：如何帮助看不到希望的孩子？/ 38

　　第 2 节　焦虑：如何帮助孩子面对焦虑？/ 47

　　第 3 节　压力：如何帮助孩子面对压力？/ 54

　　第 4 节　敏感：如何帮助"玻璃心"的孩子？/ 62

模块二
儿童社会能力

第一章　科学认识儿童社会化发展 / 70

　　第 1 节　儿童的友谊发展与社交技能 / 70

　　第 2 节　儿童的亲社会行为发展 / 78

第二章　儿童的社会道德发展以及道德培养 / 85

第三章　如何处理好同辈关系 / 91
　　第 1 节　孤独：如何帮助没有朋友的孩子？ / 91
　　第 2 节　霸凌：孩子霸凌他人或遭受霸凌怎么办？ / 97
　　第 3 节　同伴压力：孩子交了"坏朋友"怎么办？ / 104
　　第 4 节　亲密关系：如何看待和处理早恋问题？ / 113

第四章　如何帮助孩子处理社会竞争 / 118
　　第 1 节　争强好胜的孩子 / 118
　　第 2 节　如何帮助孩子处理嫉妒？ / 121

模块三
儿童意志行为能力

第一章　如何减少孩子的侵犯与攻击行为 / 130

第二章　如何降低孩子成瘾行为的负面影响 / 139
　　第 1 节　资讯成瘾，是快乐还是痛苦？ / 139
　　第 2 节　网络成瘾 / 145

模块四
家庭、亲子关系与儿童心理发展

第一章　家庭亲子关系概述 / 164
　　第 1 节　家庭关系与亲子关系 / 164
　　第 2 节　八种家庭中的教养方式对家庭的影响 / 174

第二章 亲子关系与儿童心理发展 / 184

第 1 节 依赖：依赖性太强的孩子怎么办？ / 184

第 2 节 不服从：让往东，偏往西的孩子怎么办？ / 189

第三章 家庭内的同辈关系 / 200

第 1 节 生二胎前常见的三个疑问 / 200

第 2 节 生二胎前必做的心理准备 / 205

第 3 节 二胎关系中"大的"和"小的" / 209

第四章 如何增强家庭纽带，提升亲子关系的质量？ / 214

第 1 节 亲子冲突：如何解决各种家庭"战争"？ / 214

第 2 节 亲子沟通：孩子什么事都不愿意跟家长说，怎么办？ / 221

第 3 节 亲子关系：能和孩子成为朋友吗？ / 232

模块五
儿童的自我认同发展

第一章 儿童的自我认同发展 / 240

第 1 节 儿童的自尊心建设 / 240

第 2 节 儿童的自信心建设 / 250

第 3 节 性别认同的发展 / 261

模块一

儿童情绪管理能力

第一章
科学认识儿童的情绪和情绪发展

第 1 节　为什么开篇谈情绪管理

案例　面无表情的孩子

> 阿泽　初中男孩
>
> 　　阿泽妈妈："他总是面无表情，看起来特别严肃。很久没有看到他笑，有时问他为什么不开心，他说没什么。批评他，他也没什么反应。十几岁的小孩子，看起来喜怒不形于色，整天板着脸，像戴着面具一样，不知道为什么，我很担心。"

　　情绪和人类的生存息息相关。如果一个人无法自如地表达情绪，就失去了与外界链接最简单的方式。在案例中，阿泽并非是一个没有情绪的人，但是不知道基于什么原因，让阿泽的情绪表达不顺利，导致父母与他进行情感交流很艰难。后经了解，父母平日对阿泽严厉管教，当阿泽考试考得不好或者碰到其他挫折，露出沮丧或愤怒的神态时，父亲总是告诉他：发脾气有用吗？光长脾气不长本事有什么用。阿泽的情绪表达出来以后，没有获得理解和宽慰，长此以往，阿泽习得一个模糊的认知：情绪表达是无用的，不被允许的。于是阿泽选择尽量少的表达情绪。

曾有人在东欧的一些孤儿院针对院内的婴幼儿进行研究。这些孤儿院里，一个保育员要照顾十几个孩子。所以保育员拼尽全力也只能确保每个孩子获得足够的食物和安全。她们无暇拥抱每一个孩子，更别提对每一个孩子表现出的情绪和情感给予反馈。后来追踪调查发现，这些在幼年期长期缺乏与他人的情绪情感链接的孩子，在长大后对情绪的理解能力、认知能力和社交能力均比同龄人偏低。他们的表情木讷明显、反应速度迟缓。很明显，孩子缺乏情绪功能比情绪功能不良更加糟糕，而许多家长对孩子的情绪情况视而不见，因此情绪迫切需要受到家长的重视。

虽然对很多家长而言，比起成绩、分数，孩子的情绪往往次之。但是事实上情绪（无论正面还是负面）对我们人的生存和发展而言都是极其重要的。

首先，情绪具有适应功能。在婴儿期时，孩子还没有学会语言，孩子无论饿了、尿了、疼了、累了，都会通过情绪、动作来向家长传递信息。不论是微笑还是哭泣，都能帮助孩子适应当下的环境、传递自身的需求，这样婴儿才能在无法用言语表达的情况下生存。因此情绪的表达与个体的生存有直接的关系。

其次，情绪具有动机功能。虽然我们大多数人谈"焦虑"色变，但是适度的焦虑是能激发个体潜能，释放个体能量的。例如，孩子在面临考试时感到焦虑，焦虑让孩子难受的同时也可能促使孩子为了摆脱"错过的题再错一遍"的焦虑，从而拿出错题本，把原本的错题再订正复习一遍。

最后，情绪也是父母与孩子双方互相了解相互链接的重要工具。当孩子对饭桌上的某个菜表现出厌恶的情绪时，父母通过情绪了解到孩子的喜好。下次吃饭时，饭桌上可能不会再出现这道菜。这是父母针对孩子的情绪给出的反馈。而这样的反馈会让孩子感觉自己的需要被看见，从而感受到父母的爱。

既然情绪这么重要，为什么还是会有家长无法容忍孩子的情绪呢？其实大部分家长不是不能容忍孩子的情绪而是不能接纳孩子的负面情绪。有些家长把负面情绪与不听话划等号。小万因为妈妈没给自己买玩具而哭泣，妈妈怒喝"别哭了，你太不听话了"。还有些家长会把孩子的负面情绪与自己的教养方法失败联系起来，"我都做了这么多了，你为什么不能开心一点"。基于各种各样的理由，很多家长希望管控孩子的负面情绪直到它消失殆尽才好。但是事实上，帮助孩子调节负面情绪的最重要的一点就是接纳孩子情绪表达。大多数时候，即使是负面情绪也是存在即合理。

▶ 情绪如何影响我们？

首先，情绪与认知互相影响。认知即认识、理解外界事物并内化的过程。不同的孩子具有不同的认知方式，因而即使面对同一件事情，不同的孩子也会有不同的反应。当人开心时会认为"世界总是美好的"，这就是情绪影响认知。而当人认为"世界总是美好的"时，心情也会变好，这就是认知影响情绪。

其次，情绪也会引导行为。因此，愤怒情绪下孩子更可能出现暴力行为。行为与情绪和认知会互相影响。当孩子非常生气时，如果当下没有合理的渠道把愤怒表达出来，他就有可能诉诸暴力。曾碰到过一位小朋友，他非常爱他的维尼熊玩偶，可是每次生气的时候，他不知道该如何表达，就会拔维尼熊的毛，久而久之，毛绒玩具也"秃"了，看到秃顶的维尼熊，他反而更难受了。所以情绪引导行为的同时，行为强化了他对于自己愤怒情绪的感受和认知。

再次，情绪也会引起激烈的生理反应。焦虑就是一个典型的例子。许多孩子焦虑时会发烧、头痛、胃痛，家人带去医院检查往往检查不出问题。当孩子在恐惧时可能会控制不住地冒汗、颤抖甚至尖叫。孩子哭闹时，可能会脸色涨红、眼泪倾泻、身体痉挛等。与此同时，生理反应也会作用于情绪，紧张的孩子感觉到自己身体是紧绷的时候，他会进一步意识到自己的紧张状态，从而加剧紧张。

案例 孩子抄写出错，怒而摔笔（上）

> 孩子：冬冬 7岁
>
> 　　冬冬妈妈："有一次老师留的作业是抄写，这是很简单的一个作业，但冬冬每抄一行就会漏写一行，我忍不住批评了他几句，他就跟我发起了脾气，把笔往地上摔，并表示再也不要抄写汉字了。我让他不要再发脾气，他不听，一直瞪着我，也拒绝把笔捡起来。"

　　在案例中，冬冬妈妈没有控制好自己的情绪，批评了冬冬，这也燃起了冬冬的情绪，双方的负面情绪都如火山喷发般，猛烈地对峙。其实妈妈希望的是孩子好好完成作业，所以批评了冬冬；孩子总是出错内心也十分地沮丧，需要安慰；此时双方都无法透过情绪了解到对方的需求，有没有学会足够的自我情绪调节技巧，所以双方只能僵持着。

　　如果孩子的情绪没有得到重视和管理，那么还会上升为家庭矛盾。在这个案例里，冬冬父母平时经常忽视孩子的情绪，每当父母期望孩子做事时都会带着情绪命令孩子。不论冬冬如何表达反抗，父母都是一如既往，因此冬冬的情绪反应一次比一次激烈。冬冬父母之间也因此而互相指责对方没把孩子教好，在吵架不断的情况下，家庭关系不断恶化。只有父母重视情绪问题、用正确的方式帮助孩子，才能够减少家庭的冲突和矛盾，并跟冬冬达成顺利沟通，终止这个恶性循环。

儿童情绪问题被忽视也常常会导致更为严重的后果，即儿童情绪情感障碍。许多父母不重视情绪，且对情绪相关心理疾病缺少了解，往往等孩子出现了严重问题才悔不当初。其实儿童情绪情感障碍近年来发病率居高不下，据《情绪与行为障碍儿童的发展与教育》一书，儿童抑郁症的发病率最高达到8.5%，儿童的焦虑症发病率在2.4%到3.7%之间。有八分之一的孩子体验过深度焦虑。这些病症的干预都是预防比治疗好，治疗也是越早开始，孩子恢复的效果越好。

为何情绪管理需要家长去学习呢？随着互联网的兴起，孩子的世界变得更复杂，儿童遭遇的情绪、情感问题更加多样，爆发的力度更强，家长在家庭教育过程中面临的挑战更多。而家长们如果还是用曾经父母教育自己的方式去教育孩子，可能就会频频遭遇挫折。每一位家长看到孩子出现问题而自己的解决办法无效或是使情况变得更糟时，内心都会产生深深的挫败感：明明为孩子付出了那么多，孩子却依然不开心。所以面对孩子的情绪问题，家长要更多地学习适合新时代孩子的教育方式，才有能力和孩子斗智斗勇。

不论大人还是孩子，对管理情绪都需要经过学习。当孩子出现了负面情绪时，家长不应把这看作是错误，而应看成是教育的时机。孩子情绪的表达是家长了解孩子的窗口，也呈现了孩子对家长的信任。帮助孩子认识情绪、表达情绪、管理情绪，在沟通的过程中就可以不受情绪的阻碍，这样父母教育孩子的过程会更加轻松和舒心。父母的轻松和舒心也会促进孩子产生愉悦的情绪，快乐的情绪会促进孩子正常认知发展和人格稳定，降低患心理病症的可能，也会促进社会交往，所以帮助孩子管理情绪是教育孩子的第一步，也是非常重要的一步。

工具

名称："猜情绪"游戏

使用方法：和孩子一起制作9张不同的情绪卡片，分别写上"开心、难过、哭泣、愤怒、害羞、烦躁、恐惧、骄傲、惊喜"，和孩子轮流抽取卡片，并按照卡片提示情绪表演，让对方猜卡片所代表的情绪。

作业

亲身示范：家长回忆最近自己的一次负面情绪，定义自己属于哪种情绪，把自己如何处理好这个情绪的过程讲述给孩子听。

第 2 节　认识情绪

案例 孩子抄写出错，怒而摔笔（下）

冬冬妈妈经过咨询后，教育冬冬的方式有了很大转变。当冬冬再次因抄写错误而烦躁时，妈妈告诉冬冬："没关系，妈妈理解你，不会再批评你了"。这时冬冬流下眼泪，但仍然抗拒妈妈，想要推开她，而妈妈没有生气，而是调整了方法，她知道孩子此时还处在负面情绪中，所以拒绝沟通。她就蹲在冬冬身边，看着冬冬说："抄汉字看起来很难，妈妈看到你流了眼泪，是不是有点沮丧，没关系，先吃一粒糖好不好？"冬冬看到糖停下了推的动作，慢慢地拿起了糖。妈妈擦了擦冬冬的眼泪，对冬冬说："你现在抄错行了，你拿一个尺子放在字下面，抄完一行再把尺子向下移一行，这样是不是就不会抄错了呀？"孩子点头接受了妈妈的建议。在抄完后，冬冬妈妈对冬冬说："妈妈之前和你发脾气，是妈妈没控制好自己的情绪，妈妈应该对你多一些耐心，你也不要再摔东西了好不好？"冬冬点了点头说："好，我以后不摔东西了，不生你的气了。"

冬冬妈妈经过咨询后学会管理自己的情绪，在之后跟冬冬的相处过程中，与冬冬进行了正面的沟通，也亲身给冬冬示范了该如何管理情绪。这次沟通过程如此顺畅，其中包含了一个重要技巧，那就是当冬冬处在负面情绪中时，她没有立刻对孩子进行教育，而是先安抚了冬冬的情绪，为沟通创造了恰当时机。想要教会孩子管理情绪，家长可以学习这三步：识别情绪、正确表达、合理调节。

▶ 如何识别情绪？

要教孩子疏导情绪、不受负面情绪影响，就要先让孩子觉察到自己的情绪。孩子能感受到自己的情绪，但无法准确识别，更无法准确表达。在案例中冬冬摔笔，看起来是基于对作业的愤怒。东东对自己的情绪识别也是对作业这一任务的愤怒，如果秉持这样的认知，那么冬冬拒绝再写作业的行为是可以理解。

但是妈妈迅速识别出冬冬的实际情绪是"沮丧"，摔东西其实是孩子因为没有能力完成好自己的任务又不知如何表达这一沮丧的心情所以展现出来的一种"无能狂怒"的状态。妈妈识别孩子的情绪以后，第二件事就是给这个情绪正确命名并且表达自己的理解。当孩子听到妈妈正确说出自己的情绪时，孩子会体验到被看见被理解的幸福，孩子会更容易冷静下来，聆听家长后面要说的话，并且接受家长进一步的干预。

▶ 如何正确表达？

家长想要教会孩子表达情绪，可以通过示范、讨论、模拟、练习四种方式。

示范即做出一个榜样或典范给孩子演示，冬冬妈妈就使用了这个方式。冬冬妈妈说出了自己的情绪是什么，对应行为是什么，产生了什么结果，自己要怎么做来改善。

"讨论"是跟孩子一起探讨：碰到一个情境，个体会产生什么样的情绪，如何表达、为什么这样表达、效果是什么、错误地表达会有什么结果。比如案例中的妈妈可以在东东完成抄写任务，情绪比较稳定的时候和东东讨论"到底是什么让你做出了摔笔的行为？实在很生气的时候有没有除开摔笔以外的更好的方式表达生气？"。

如果讨论是基于认知层面的调整，"模拟"则是通过现实演绎，让孩子进一步习得正确的情绪表达方法。比如角色扮演。妈妈可以扮演冬冬，冬冬扮演妈妈，重新演绎着一场"抄写风波"通过角色扮演中，妈妈给冬冬示范正确的表达挫折或者沮丧的方式，可以让冬冬在轻松的充满乐趣的表演中学会情绪的正确表达方法。

练习的过程是：通过先教会孩子怎么做，再带着孩子不断演练、形成习惯，比如冬冬妈妈可以教冬冬这样说："我现在的情绪是感到很沮丧，原因是很简单的抄写任务总是完成不好。我本意是希望快点完成，早点去玩，我想要妈妈帮我但是不要指责我。我应该主动向妈妈求助而不是通过发脾气来表达自己"。

通过练习可以不断强化孩子已习得的健康的情绪表达方法。

▶ 如何合理调节？

当孩子处于负面情绪中时，家长常常不知怎么办，只能等着孩子停下来。在案例中，这位妈妈为了让孩子平静下来，使用了转移注意力的技巧。孩子专注于情绪宣泄时无法听进去道理，父母在这时候与孩子争论没有积极作用，只会让矛盾加剧，所以要先让孩子从正专注的情绪中脱离出来，可以使用糖、小玩具、小卡片等孩子喜欢的东西吸引孩子注意力，引起孩子愉快的情绪。

调节负面情绪可以利用生理规律。许多家长看到孩子哭闹时呼吸不畅很担心，只能焦急地说："别哭了，不要再哭了，哭有什么用？"父母越是这样说，孩子就越是哭得厉害。由于情绪和生理反应互相影响，减轻情绪反应可以通过减少孩子相对应的生理反应来改善情绪状况。比如当孩子哭泣呼吸急促、身体紧绷时，家长可以先蹲到跟孩子视线齐平，轻拍孩子背部，按孩子哭的节奏轻拍，同时对孩子说："宝宝，慢慢地，没事，没事了哦！"。随着节奏慢下来，孩子的哭泣节奏会随着拍的节奏也慢下来，情绪状态舒缓。

协调认知也是调节负面情绪的重要方法。当现实与孩子的认知不一致时，孩子容易产生负面情绪。比如一个孩子认为，爸爸妈妈爱我，就应该满足我的所有需求时，当他想买一个玩具被父母拒绝后，他就会感到非常伤心，甚至会赖在商店不肯离开。在这个过程中，孩子的认知是：爱我就会给我买玩具。爸爸妈妈一直说爱我，但是却不给我买玩具，他们其实不爱我，两种认知在孩子头脑中无法达成一致，就产生了悲伤的情绪。

家长还应尽可能多地给到孩子正面的情绪反馈，也就是说训练孩子的情绪调节能力的同时，家长也要提升自己的情绪调节能力，保持更多正能量状态。由于情绪具有习得性，孩子会从父母处习得情绪。在"视崖实验"中，孩子与妈妈在两边，中间用玻璃板连接，玻璃板下是看似悬崖的、具有视觉差的装置。实验人员观察孩子有没有可能在妈妈的鼓励下爬过这个视觉的悬崖。观察发现当妈妈态度很积极时，孩子爬过去的概率会增加，孩子会根据成年人的情绪态度来影响孩子的行为。家长的情绪不但能被孩子识别，而且能影响到孩子的判断和行为。另有研究证明哭脸和笑脸相比，孩子更喜欢看笑脸，因此家长应尽可能地向孩子展现正面的情绪。

增强孩子的情绪调节能力，家长平时还需要注意避免给孩子太多的负面评价。比如孩子可能考试没考好，家长说："你看你考成这个样子，真是没用！"如果这样的负面评价频繁出现，孩子就容易把考试和负面评价（带来沮丧的体验）捆绑在一起，未来孩子比较容易出现考试焦虑。因为他认为：考试是一件让父母发脾气的事、考试是一件让人沮丧的事。因此父母评价孩子时需要做到就事论事。比如应对孩子考试失利，家长可以说"你这次考试没考好，你自己心里应该也挺难受。我也做过学生，能理解你现在的心情。这只是一次考试，如果好好总结，以后应该还有机会提升成绩。但是我们需要吸取这次考试的经验，你可以去好好分析一下这次的试卷，碰到没办法处理的问题可以找老师或者我求助。"

工具

1. 工具名称：情绪温度计

适用年龄：4岁~7岁

制作方法：在一张纸上画一个x轴，一个y轴，x轴代表时间，从周一到周日；y轴代表情绪，上面画一个笑脸，横轴下方画一个哭脸。

使用方法：在坐标轴对应位置上画一个点，每天让孩子标注当天主要情绪，家长用这张图来跟孩子讨论情绪。

2. 工具名称：颜色标记法

适用年龄：2岁~3岁

制作方法：画出代表不同表情的表情卡，包括开心、愤怒、难过、悲伤等，让孩子识别并告诉孩子开心对应红色，悲伤对应蓝色，愤怒对应黑色。

使用方法：让孩子用对应彩色笔在纸上画出代表自己情绪颜色，或询问孩子你今天或现在是什么颜色？

3. 工具名称：情绪日记

适用年龄：10~12岁

使用方法：记录当天情绪，写出令自己感到开心、愤怒、悲伤事情，让孩子讲述并自己记录。

作业

做孩子情绪管理的老师：记录一周内，自己或者伴侣"看到"孩子情绪变化的三次经历。

发生了什么	自己看到了什么	伴侣看到了什么	孩子的反应

第二章
帮助孩子做情绪的小主人

第 1 节　悲伤：如何帮助经常哭哭啼啼的孩子？

案例　流泪的孩子

> 小玉：10 岁
>
> 　　小玉妈妈："我女儿太爱哭了。看电视里面的人物死掉要哭，被批评要哭，连笔记本丢了也要哭。每次哭得上气不接下气。我不喜欢她伤春悲秋的样子。这对她身体也不好。如果她勇敢点，更开朗活泼一点就好了。"

▍小小林黛玉

　　从小玉妈妈的描述中可以看出，小玉容易悲伤流泪，而小玉妈妈无法接纳这一点。人类的情绪会如钟摆一样在高潮和低谷间摆荡，人难免有悲伤、难过的情绪。孩子悲伤时会有这些表现：手捂心脏、双臂环抱胳膊或膝盖、站或坐在角落、落泪、沉默、低头叹气、没精神、乏力、失眠。如果孩子容易哭泣，一方面也许孩子心中有创伤，另一方面，孩子对情感有强烈的感知力、对痛苦更敏感。这样的孩子善于共情和体贴他人。

▌眼泪从何而来呢？

悲伤的突发原因通常是住所改变、亲朋离世、丢失重要物品或金钱、关系破裂而产生。还有五种类型的孩子容易在日常生活中产生悲伤情绪。

第一种是父母长期不在身边的孩子，如留守儿童和单亲家庭的孩子，经受着父亲或母亲缺失的创伤，缺乏家人的陪伴，情绪被压抑无处倾泻的孤单感，都会让孩子容易感到悲伤。

第二种是一直被无限满足的孩子。每当孩子有需求时，父母无限制地满足孩子，无论是金钱、物质还是呵护，孩子的欲望总是被快捷地满足。长久以后，孩子对待自己的欲望将不加节制，对幸福的感受力降低，即使欲望被满足后会感到空虚、无趣、没有意义，这也会产生悲伤的情绪。

第三种是童年受过虐待的孩子。幼小的心灵受到虐待、歧视、孤立等创伤没有被及时地恢复，则创伤伴随的痛苦感受会时时涌上孩子的心头。

第四种是被家长期望过高的孩子。有些家长对孩子管教过严，超过了孩子力所能及的程度，使孩子生活单调，心情压抑。虽然有父亲和母亲每天都在身边，但是自己说出的话却常常被忽视和拒绝，不被父母理解，也会让孩子感到悲伤。

第五种是体弱多病的孩子。经常生病的孩子会经常感到自己的病情给家庭带来经济负担，成绩也可能因为疾病而拖累，因而自责、自卑。在学校跟同学、老师的相处时间不如其他同学多，对自己的身体健康情况也没有信心，孩子会一直承受着沉重的负担而感到悲伤。

▶ 待在冷水里会着凉哦！

许多家长有这样的错误认知："小孩忘事很快的，过一会儿不记得了。""有什么好哭的呀，小孩子什么都不懂。""哭哭呗，哪有小孩不哭的，哭累了自己停下了，不用在意！"家长在这样的认知下轻视了孩子的悲伤，是很危险的。健康的情绪表现是孩子的情绪钟摆顺畅地上下摆动。如果孩子在悲伤低落情绪状态下一直停留，可能会导致心理健康疾病如抑郁症，长时间如此甚至影响孩子的人格的形成和稳定。

案例 宠物狗离世的孩子

> 小盛：7岁
>
> 小盛妈妈："小盛很喜欢爷爷家养的一只狗（贝贝），前些天贝贝出车祸死了，小盛知道后每天止不住地哭，把自己关在房间里，不见人也不吃饭，明显不爱说话了。"

宠物离世、亲人离世、朋友分开、家乡变迁都会引起人类悲伤的情绪。这些与分离有关的情感，即使是懂得诸多道理的成人也难以面对。如果悲伤情绪没有被及时处理，很容易形成孩子的心理创伤，因此家长需要帮助孩子及时调控悲伤的情绪。

▌有落叶，就有新芽

孩子的悲痛往往是出于失去，家长要教会孩子看到自己当下的所得，感激离去的亲人、朋友或宠物带给了自己快乐的回忆，小盛妈妈可以这样告诉小盛："我理解你很伤心，贝贝曾带给你很多快乐，你也给了它很多的爱，它走了，你很难过，我也很难过。你可以为它哭一会儿。"

"它一定希望你每天都快快乐乐。如果它看到你整日因它而哭泣，它会很难过的。"

家长可以用美好的想象来让孩子的悲痛减轻，如：贝贝是去天堂了，那里有天使，有美丽的白云，那里永远没有痛苦，只有快乐，那里有一个汪星球，狗狗爱吃的所有食物那里都有。

当孩子无法接纳与好朋友分别的情况时，家长可以这样教孩子："离别这件事像太阳今天下山了，明天还会升起。虽然现在和好朋友分别，你的心情很不好，但这并不是真正的分别，因为你们都留下了美好的记忆。未来你还可能再和这位朋友相见，你也会有很多新的朋友！"把目光放在当下，才能不被过去带来的痛苦吞没。家长可以通过引导孩子思考当下和未来的情境，这样减少孩子对悲伤的沉溺。

如果孩子是小学高年级的学生或者初中生，心爱的宠物离开，父母甚至可以引导孩子为宠物举办小型的追思仪式，通过有仪式感的告别来让孩子充分表达和处理自己的哀伤的情绪。

▌宝贝哭吧，有我在

孩子悲伤的时候，非常需要父母的关爱，家长首先要传递给孩子这样的信息："我看到、理解、允许你的悲伤"。有很多家长一看到孩子哭强行制止，压抑住把孩子的悲伤表达，这样不利于孩子平衡情绪、管理情绪，也会影响到亲子关系。

悲伤情绪非常容易压抑在心里，如果孩子没能宣泄出来，家长需要帮孩子渡过悲伤的阶段。家长尤其需要注意的是：不会宣泄悲伤的孩子，他们也许看似坚强，实际上他们只是有太强的掩饰和防御，更需要家长的关怀和引导。

曾经碰到过一个 8 岁的男生，在我的生命教育课堂上哭得撕心裂肺。当问及原因时，孩子描述了自己的经历，孩子的奶奶在孩子 6 岁左右离开了他。由于父母忌讳与孩子谈论生死，所以并没有让孩子见奶奶最后一面。每次当他问起奶奶，爸爸妈妈仅用"奶奶不在了，你别难过，也别多想"应付过去。而最近三个月，孩子的爷爷由于关节疼痛，无法下楼，所以不再像过往那样每周看望孙儿，男生觉得爷爷可能也不在了，内心非常煎熬。但是之前父母处理奶奶去世问题的方式，让他觉得这是件不应该跟父母提及的事情。所以孩子不敢问父母关于爷爷的近况，悲伤和害怕一直在孩子孤独的内心蓄积酝酿却无处倾诉，最终在他觉得安全的空间——我的生命教育课堂上发泄了出来。男孩的经历告诉我们，悲伤不会因为压抑而离开，只会因为压抑而变得破坏性更强。

很多时候孩子无法靠自己的力量从长期的悲伤中走出来，家长可以通过强化正面情绪的方法来辅助，创造一个让孩子开心的环境，经常带孩子接触新鲜、有趣的事情，经常询问孩子的想法和感受。还可以用家长自身的积极情绪感染孩子，鼓励孩子多跟好朋友一起玩耍，被朋友的积极情绪带动，逐渐脱离悲伤的影响。

工具

工具名称：心情保险箱

使用目的：让孩子放松心情，放下情绪，激发快乐感受。

使用方法：家长先让孩子闭上眼睛、做三个深呼吸，接着用缓慢的语速对孩子说："你轻松地走进了一个漂亮的房间中，这个房间中有一个大桌子，桌上放着一个密封的保险箱，这是一个只属于你的保险箱，你走过去，慢慢把它打开了，这个箱子有一个能力，是可以把心情变成宝石，你把让你感到悲伤的事情放进去，果然它们都变成了美丽的宝石，你把保险箱合上、锁好，然后你离开了这个房间。当你打开门时，你看到了一片美丽的花园，闻到了鲜花的香气。你听到了小鸟在歌唱，抬头看到了蓝蓝的天空和大朵的白云，你感到很放松、很开心。"

作业

陪孩子阅读绘本《醒醒吧，我的栗子树》

第2节 愤怒：如何帮助经常暴跳如雷的孩子？

案例

> 娴娴：11岁
>
> 咨询师：娴娴在妈妈眼中是一个活火山，如果妈妈说了什么话让娴娴不顺心，娴娴会顶嘴，暴怒，大吼大叫，妈妈的情绪也因此失控而和孩子动手，为此妈妈自己经常感到头痛。

▍愤怒是个小火山！

不论大人还是孩子，都很容易被愤怒伤害。他们会嘶吼着发出这样的疑问："为什么全世界都这样对我？为什么对我不公平？为什么冤枉我？凭什么说我？……"这样的疑问也常伴随着辱骂性的语言、狰狞的表情和暴力行为。在父母眼中，孩子不听话、情绪激烈，是一个让自己头疼的坏孩子。在孩子眼里，母亲、奶奶和老师都冤枉自己，忽视自己的付出，自己是被逼无奈。结果是双方都被怒火灼伤。

愤怒会让人产生很强的反抗动机，娴娴的顶嘴、暴怒都是由愤怒情绪引发。为什么愤怒有如此强烈的力量呢？这是因为愤怒是由植物神经形成的先天情绪。很多心理学家认为愤怒是与人类生存相关的情绪。

愤怒为什么会产生呢？典型的愤怒产生原因是自我的需求没有得到满足或感受到威胁。当动物的领地被侵略时，动物会感到不安、产生愤怒，通过对入侵者吼叫来保护自己，如果对方还继续侵略，动物会产生攻击，赶走入侵者，保护领地。所以进化心理学中认为愤怒是有进化和生存的意义的，如果个体的需求没有得到满足却没有动机去寻求满足，或是感到威胁却没有动机去反抗，那么这样的个体很可能在进化中被淘汰。

▶ 愤怒烧伤了我的身体！

虽然愤怒的产生具有生物学上的意义，但也会引起许多问题，影响身体健康是很重要的一方面。案例中这位妈妈，经常发怒后头痛不已。中医说：怒气伤肝，是指经常发脾气的人会肝气郁滞。西医认为生气时肾上腺素升高会引起血压升高，还会影响内分泌系统，如甲状腺功能亢进等。"急火攻心"指的是突然的愤怒会诱发心脏疾病发作。

愤怒情绪具有易感染他人的特性。在家庭中，如果有一个人容易愤怒，其他人也会变得容易愤怒。夫妻关系与亲子关系都会受到不良影响。对小朋友来说，经常愤怒的小朋友容易人际交往不良。在受愤怒情绪影响之后，孩子可能会产生攻击性语言和行为，做出具有破坏性的事情，这可能会吓到其他的小朋友，让其他人不敢靠近。据了解，娴娴跟同学经常发生冲突，也曾出现摔坏同学物品的事件。小朋友们一起玩耍是为了产生快乐、获得快乐，而愤怒情绪非常容易引起双方的敌视和冲突，无论是谁也不喜欢跟一个经常大吵大闹、乱发脾气的人相处。

案例 这样对我不公平！

> 阳阳：9岁
>
> 　　阳阳爸爸因为阳阳在学校打人被老师请到了学校。爸爸询问事件发生的经过。原来是小强带了好几个棒棒糖到学校分给座位周边的同学吃，但是唯独没给后座的阳阳，阳阳觉得小强在针对自己。阳阳爸爸觉得难以接受儿子的行为，当众掌掴了儿子。

▌以火攻火可行吗？

　　阳阳爸爸难以接受阳阳的暴力行为，他觉得自己日常并没有短缺儿子的零食，不能理解阳阳为什么为了一个棒棒糖如此愤怒，因此对孩子动手了。如果家长能从孩子的角度思考、理解孩子的真实想法，会透过愤怒的情绪和破坏性行为，看出孩子的"被同伴接纳被尊重"的需求没有被满足，内心产生了无法化解的冲突。孩子愤怒的原因可能不合理，但是孩子的愤怒是有原因，只有共情和理解孩子愤怒的原因，才能跟孩子开始和谐沟通。

　　处理愤怒尤其需要注意的是：不要争执。愤怒时，孩子是听不进去道理的。家长如果当场教育愤怒的孩子，道理如同火上浇油。家长的"大道理"失败后会不可避免地会产生无力感和挫败感，加上孩子想方设法地反驳家长，双方陷入无休止的口头争论中，最终只能以父母权威压制结尾。所以家长不要在孩子愤怒时与孩子争执。

家长管理孩子愤怒情绪常用的错误方法是压制，这会起到反作用。当家长感受到孩子的愤怒后，会提高音量、加快语速，跟孩子比较谁的愤怒值更高，常用的方式还有恐吓、威胁、惩罚、命令等。这些压制行为都让家长站到了孩子的对立面。如果父母强迫孩子，虽然能暂时让孩子听话，却在无形中让孩子学会了两种解决问题的方式：对抗和施暴。为以后的沟通埋下更大的祸根。如果家长想用打孩子的方式让孩子听话，当孩子再有不服从的情况时，只能通过升级暴力的方式换取再次服从，这样建立在暴力上的权威会随孩子成长而逐渐降低，边际效益递减，最终导致无效教养。只有父母跟孩子相对平等地沟通，孩子才会信服。

▎快用这三个灭火器！

通过一个案例来学会使用三个灭火器。

小黄在商场看到一个喜欢的玩具要求家长给自己买，家长觉得家里玩具已经太多了，拒绝了孩子购买玩具的请求。孩子对此非常愤怒，一边敲打父母，一边叫嚷着父母不爱自己了。场面一度非常失控。

第一个灭火器：脱离。脱离孩子的负面情绪、脱离充盈着负面情绪的场景。这时家长尽可能冷静地把自己的情绪与孩子的情绪脱离开，不让负面情绪继续升温。如果卷入了孩子的负面情绪，很可能跟孩子成为辩论的对手。在案例中，家长不要去和孩子争论我还是爱你的，不买玩具是为你好。

尽快将孩子带离"事故现场"是解决问题的基本保障。当孩子不分场合地围着家长叫嚷、吵闹，这时如果有人围观，家长会承受巨大的心理压力。当冲突激烈发生时，家长和孩子都需要时间和空间来减轻压力、舒缓情绪。

第二个灭火器：降温。当孩子撒泼、打滚时，出现打人、摔东西等暴力行为，这时孩子会不停地宣泄，可以使用降温的方法让孩子停下来。虽然孩子的拳打脚踢不会对家长造成严重伤害，但是不制止孩子会让孩子学会以粗暴的方式对待父母。家长可以把住小黄的手，告诉小黄冷静下来。这时可以使用数数字的方法：引导孩子从一数到十，每数一个数做一次深呼吸，逐渐将孩子的呼吸节奏慢下来。也可以将小黄带回家以后，让小黄单独在一个安静的房间，自行冷静和调整情绪。

第三个灭火器：解释。等孩子冷静下来，家长再耐心地跟孩子解释：爸爸妈妈是出于什么样的考虑才没有给你买玩具。不买玩具不代表父母不爱你。同时也要告诉孩子：暴力行为不仅无用，而且要承担责任。比如摔东西、打人，都需要他亲自赔偿、道歉，这样孩子以后愤怒时也会采取低破坏性的方式发泄。

虽然三支灭火器很好用，但是当问题发生时再解决，效果远不如问题发生前预防。在孩子愤怒前通常会有一些征兆，如嘟囔、皱眉、噘嘴等。家长首先要关注到孩子的这些表现，接着可以用肢体动作来安抚孩子，如摸摸头、轻拍肩膀和后背、握住孩子的手等。这时家长最好蹲下来，平视孩子的眼睛，这会让孩子感到平等和关怀。当看到孩子成功控制住愤怒情绪时，家长要及时给予鼓励。如果家长习惯了在孩子怒发冲冠之后指责孩子：你就是一个坏脾气的小孩。那么我们一定要记得在孩子每次成功控制住自己情绪的时候，给他一个大大的拥抱并表扬他：你真是一个情绪管理的小能手。

工具

工具名称：经验传递

使用方法：回忆自己曾经的愤怒经历，把正面、积极的调节过程讲述给孩子听。

愤怒经历的过程	当时是如何处理的	应该如何处理	经验及教训

作业

绘本阅读：陪孩子阅读《我好生气》绘本。

第3节　恐惧：如何帮助怕东怕西的孩子？

案例 绿眼睛的"怪物"

> 琴琴：6岁
>
> 　　有一天晚上琴琴惊恐地来到我的宿舍，她说有一只"怪物"从她面前快速跑过，它有着绿色的眼睛和黑色的身体，体型较大。她认为那只怪物想要抓住形单影只的她。她否认那是一只猫，因为她曾见过一只身形娇小的猫。她说话时断断续续，脸涨得红红的。即使宿舍有四位同学陪伴，她也不肯回宿舍睡。

▶ 怪物在哪里？

　　在我听到琴琴的形容后，认为琴琴很可能是看到了一只黑色的猫咪，在夜晚猫咪的眼睛会反射出绿色的光。但当时的琴琴在恐惧情绪的笼罩下，无法相信这一点。恐惧是每个人都体会过的，它是当个体感受到危险，想要逃跑、躲避却无能为力时，机体产生的主要情绪。孩子感到恐惧时，常见的生理反应有：心跳加速、手脚发麻、全身出汗、发抖等。此时孩子会高度警觉，身体活动减少，目光紧随着有危险的事物。如果危险没有消失甚至离自己越来越近，孩子会难以控制自己的惊慌，对自己的思维、表情和行动失去控制。

　　跟愤怒一样，恐惧情绪也是在进化论中被认为是对个体有积极作用的情绪。怕黑、怕高、怕水、怕火、怕陌生的环境、怕被野兽和毒蛇攻击，这些恐惧源是人类共有的，这体现了恐惧的产生原因，它是人类在原始社会时为了在野外存活而保存下来的本能，为了让人能够在面对危险时尽快地防御或逃跑。

▶ 这些东西好恐怖！

　　孩子的恐惧源有三种常见的类型。第一种恐惧源是黑暗环境。琴琴是在天黑的时候看到"怪物"，受到了黑暗环境的影响。在日常生活中，家庭也因此面临困扰，例如：父母为了让孩子尽快摆脱对父母的依赖，会在孩子到达一定的年龄后，要求和孩子分房睡。有些孩子会不能接受分房睡，原因是在黑暗中会想到妖魔鬼怪，害怕出现恐怖的事情。

　　第二种恐惧源是动物。现代社会中养宠物的家庭越来越多，孩子会越来越频繁地接触到养宠物的人。虽然大部分人认为狗狗是可爱的，但怕狗的孩子如果见到狗从自己旁边经过，会吓出一头冷汗。

　　第三种是对社交的恐惧。有些孩子一到人多的地方会不安、脸红，不敢说话，不敢与人的目光对视，害怕被人看到自己的弱点、被批评。这种恐惧非常影响孩子形成正常的人际关系。

▶ 原来捣蛋鬼在这！

除了先天的恐惧外，形成恐惧的原因有许多后天因素。最主要的成因是个人经历。在给琴琴咨询的过程中，我了解到琴琴曾试图接近邻居家的猫咪，却被猫挠伤了手背，这让琴琴把猫咪与疼痛联系到一起，所以琴琴对猫咪有无法控制的恐惧感。许多孩子怕狗也是因为曾有过被狗咬伤的经历。

第二种恐惧的成因是社交参考。社交参考是指孩子对事情的认知和态度会受到其他人尤其是主要抚养者的影响。有些孩子并不害怕毛茸茸的动物，但当孩子抚摸小动物的时候，家长尖叫着阻止，强调动物身上有病毒和细菌，孩子被家长的尖叫声吓到。许多家长经常把一个事物的恐惧程度夸张化地传达给孩子，或是把一件正常的事与恐怖的事链接到一起，这会额外增强恐惧感。为什么很多孩子害怕医生和警察？因为有些家长会用类似"你再不听话，就让警察叔叔把你关起来"或者"不好好吃饭，医生阿姨就会把你关进医院打很多针"的话恐吓孩子要求孩子听话，造成了很多孩子对医生和警察的恐惧。

第三种产生恐惧的原因是生活常识不充足。当孩子的认知不够全面时，没有能力去解释一些事情，因此看到无法理解和解释的事情时会产生强烈的恐惧感。在这个案例中，琴琴以前只看到过体型小的小猫，不知道猫咪在受惊时会把身上的毛竖立起来，也不知道猫咪的眼睛在夜晚会反射绿光，所以执着地相信那是一只"怪物"。

第四种产生恐惧的原因是环境的突然改变。孩子去到陌生的环境中，没有足够的安全感。比如刚分房睡的孩子，第一次晚上父母让孩子一个人睡时，对孩子来说突然无法再睡在自己的床上，即使小床在爸妈的大床旁边，孩子可能也会晚上爬到爸妈的床上，说：我害怕，我想在这个床上睡。有许多孩子在进入寄宿学校时也难以适应，对整个宿舍和学校都感到恐惧。

不同年龄段的孩子在恐惧物的方面具有差异性。在整体年龄趋势上，2至6岁的孩子主要对陌生人、陌生物体、疼痛、噪声变化等刺激感到害怕；2到6岁的孩子害怕的事物更加具体，比如蛇、蜘蛛等，或者带有想象性的物体，比如鬼魂等等；6至12岁的孩子对恐惧更具有社会性。孩子在小学阶段开始拓展社交关系，对被孤立、不被喜欢、不被亲和的恐惧会显著增多。

案例 怕狗的孩子

小宇：7岁

小宇妈妈："有一次在放学路上，我们对面有一只未牵绳的大狗。它突然冲过来扑到小宇身上，当时我跟小宇都吓到了，虽然那只狗没有咬他，只是舔他的脸，但是小宇被猛地一扑摔倒在地上，磕到了胳膊肘和头。狗主人这时过来把狗踢走了。但把小宇吓得不轻，他说那只狗张着血盆大口要吃掉他。之后再在路上看到狗时，即使是小狗，小宇也会求我换一条路走。现在他连玩具狗和养狗的人都害怕了。"

▶ 千万不能泛化！

未被解决的恐惧感易形成心理阴影，也可能出现泛化的情况。小宇本来是不怕狗的，但是因为一次经历给小宇留下了难以磨灭的恐惧感，这种恐惧感与狗链接到一起，让小宇形成了"狗是非常可怕的、会伤害我"的认知。小宇慢慢开始害怕玩具狗和养狗的人，这是因为情绪会由一个物体泛化到另一个物体上。负面情绪极其恐惧情绪的存在时间越长越容易泛化，因此孩子的恐惧情绪需要及时被妥善地处理，否则孩子在成年后也会留存对某些场所或物体的恐惧感，甚至经常出现烦躁不安、担忧过度、喜欢逃避、缺乏安全感等表现。

▶ 这样赶跑捣蛋鬼！

帮助孩子驱散恐惧，家长应注意三项。

第一项是：常倾听，不否认。当孩子在父母面前表现出恐惧或说出自己的恐惧时，内心是非常期待家长的关怀和帮助的。这时如果家长不耐心倾听孩子的感受、不认真回应孩子、甚至否认孩子的恐惧感、质疑恐惧的合理性，"这有什么可怕的？"、"你胆子太小了"这类的说法会对孩子幼小的心灵造成额外的打击。家长应该做的是经常耐心倾听孩子，用同理心感受孩子的心情，告诉孩子："父母会在你身边支持你、保护你。"让孩子感到安全。

其次要注意的是：早处理，要对症。孩子恐惧有不同的原因，家长要根据不同的原因对症下药。孩子的年龄越小，家长对孩子恐惧情绪的消除效果越好，而且负面情绪容易泛化，所以家长看到孩子恐惧时要尽快去帮助孩子，并在源头上进行改善。

最后要注意：慢慢来，不心急。随着孩子的年龄增长，家长需要关注孩子恐惧源的变化。当孩子的恐惧发生时，不要急于让孩子做出改变，而是要使用方法。让孩子克服恐惧感需要给予孩子一定的时间。

想要缩短时间，家长可以使用一些方法。

第一种方法是对抗。恐惧产生的原理是刺激物和负面的体验产生了链接，像小宇把狗和恐惧感链接在了一起。如果我们把这个刺激物与积极正面的感受多链接，对于怕狗的孩子，家长可以买一些毛绒公仔，帮助孩子产生愉悦感，渐渐让孩子减少对狗的恐惧，直至他可以接受真的狗。孩子怕黑不敢分房睡时，家长可以给孩子房间安装星星灯，放轻快的音乐，让愉快感与恐惧感进行对抗。

曾经有一位我的学员和自己的孩子讨论怎么样才能让他不害怕一个人入睡。孩子要求妈妈把自己心爱的玩具宝剑挂在自己床头。他说晚上想象着骑士使用神圣光剑在床边打败妖魔鬼怪，他就不害怕了。

使用对抗性方式时家长要注意控制程度是由浅入深的，从一个孩子能接受的状态，渐渐将难度提高。如果一下子把孩子喜欢的事物与孩子最恐惧的情感进行链接会起到反作用。

怕黑的孩子，不要一下逼他接受最黑暗的状况，可以从睡觉关大灯留夜灯升级到夜灯调到比较小，再调整到所有灯全关。

渐进地处理方式体现的是家长对于孩子的包容和理解。

  第二个方法是替换。在孩子对恐惧感有一定的克服时，立刻给予孩子夸奖或激励是强化正面感受的重要方式。另外还可以利用孩子所处的环境，如当孩子跟小朋友们在一起时，引导小朋友们认可孩子的勇敢、鼓励孩子赢得竞争、战胜恐惧等，用荣誉感、胜利感来激起孩子的力量。当孩子恐惧时，也可以让孩子想一些快乐的事情，避免恐惧的场景在脑海中重温。

  家长带特别害怕虫子的孩子去听有关虫子的公益讲座和活动，小朋友就没有那么害怕。之前我组织过一个锻炼孩子观察能力的公益活动，让孩子们在花园里找某种特定形状树叶。其中有个孩子特别怕虫，不敢进去花园里，但他看到其他小朋友都在好兴奋的满园子跑找叶子，就有点受感染，一直在花园边徘徊，最后在其他小伙伴和我的鼓励下，走进花园找到了叶子，即使叶子旁边就有虫子，他也没有回避或尖叫。完成找树叶挑战的荣誉感战胜了对虫子的恐惧。

  第三个方法是塑造榜样。榜样的力量可以很好地帮助孩子克服负面情绪。在作者以往的案例中，曾有一位小朋友十分害怕坐有四个轮子的车，这位家长观察到孩子特别喜欢看一个动画片叫《黑猫警长》，还会模仿黑猫警长的动作，家长对他说："黑猫警长很聪明而且很有正义感，他到处去抓坏人，这个小警车是不是对他有很大的帮助呀？你可不可以向黑猫警长学习，也勇敢一点，尝试坐一次车呢？"孩子想了想后同意了。在坐了第一次车后，孩子发现坐车没有想象中那么可怕，渐渐接受了乘坐小轿车。家长平时可以留心孩子有哪些偶像，如崇拜的哥哥、姐姐；明星；动画片里的人物等。这些榜样的力量也会鼓励孩子战胜恐惧。

工具

工具名称：恐惧程度表

使用目的：让家长知道孩子对什么物品或事情感到恐惧，帮助家长了解孩子、及时规避这些恐惧项。

使用方法：

1. 询问孩子对表格左侧每一项的恐惧程度。

2. 当孩子感到恐惧时，询问孩子的感受达到几星，可与表格中的哪一项进行对比。

恐惧的事情	恐惧程度（0~5颗星）
猫	
黑暗	
狗	
蛇	
老鼠	
针	
很凶的男人	
高	
蛇	

（续表）

恐惧的事情	恐惧程度（0~5颗星）
陌生人	
雷和闪电	
虫子	

作业

寻找偶像：找到并观察一个孩子喜欢的偶像及该偶像的优秀品质。

第三章
帮助孩子处理复杂的复合型情绪问题

第1节 悲观：如何帮助看不到希望的孩子？

案例 悲观：如何帮助看不到希望的孩子？

> 来访者：云菲　　儿子9岁　小学二年级
>
> 云菲："虽然孩子的成绩没有达到我的期望，但我也没有说他。平时他干了错事或是考砸了我都惩罚他，但他进步的时候我从来不罚。我跟他爸小时候成绩都很好，我对他已经降低要求了！他在家要么不说话，要么说消极的话。邻居家小孩学钢琴考级，我让他也去学，他说肯定学不会，我让他在班里竞选当班长，他说选不上，我很奇怪，没选怎么知道选不上呢？我最不喜欢他这样，一点都不阳光。总是一副苦瓜脸，每当大家开心地聊天时，他要么不说话，要么就说丧气话。这经常让我很恼火，我也忍不住当众人面说了他。"

▶ 童年应该快乐不对吗？

　　成年人对于童年认知大多是无忧无虑，开心和健康也是家长们对孩子最基础的期待。因此，当孩子频频表现出快快不乐，愁眉苦脸、心事重重的时候家长感觉无法理解孩子，家长会产生焦虑、愤怒、失望等感受，更有甚者会认为孩子在故意摆脸色，无法理解和接纳孩子。面对好事情，乐观的孩子振奋，但悲观的孩子觉得即使此时此刻开心，之后还是有不开心的事发生。面对坏的事情，乐观孩子觉得困难只是暂时的，总是能想办法克服难题。悲观的孩子说："看吧，都没有好事情。"这是典型的悲观的状态。当孩子悲观的时候，看待事物的方式偏向负面，想问题喜欢往坏处去想，每天似有乌云罩顶，看不到天晴的希望，感受不到晴天的感觉。有上面一些表现的孩子通常都比较悲观。

▶ 为什么孩子悲观？

　　文章开头的案例中可以看出这位家长对孩子的要求是偏高的，平时喜欢惩罚孩子或对孩子的控制欲很强。孩子也许经历了一些无法处理的挫折，生活中总是出现困难，可能是孩子总被要求达到一个无法达到的期望，当孩子认为做的已经很好了之后，仍然得不到认可。孩子遇到这样的情况有两种反应，一种是认为自己遇到了无法处理的挫折，一次又一次地无助之后，再遇到并不困难的事情，孩子产生习得性无助。孩子怀疑自己是不是永远达不到期望？极端地放弃期望或执着于盯着自己的不足之处，表现为有些孩子考了85分开开心心地回家了，有些孩子考了95分仍拷问自己："为什么我没有考到100分？"当自己经常遇到一些明明可以快乐的情况时，却习惯性地不允许自己开心，丧失了快乐的能力。

总被不公平地比较的孩子容易悲观。这样的孩子生长在别人家孩子阴影之下，家长经常用他们缺点去和别人某个孩子优点去做比较，这样让孩子很无助。家长让孩子产生这样想法：我不可能比得过人家，反正我是输，那我还要努力干什么？还有很多孩子在学校表现不完美、有些"瑕疵"，比如说不遵守纪律、上课讲话，有些孩子在老师眼里是"刺头"，这样孩子可能长期遭到同学或是老师排斥，这种长期被排斥状态，让孩子更容易看到事情负面的可能。另一种容易悲观的孩子是长期身体不太好的孩子，孩子对自己身体缺少自信，跟同伴一起在阳光下蹦蹦跳跳次数比一般孩子要少，可能担心受到同学讨论和疏离。气场阴郁的孩子在人际交往中通常不如喜笑颜开的孩子讨人喜欢，人际关系往往也是他们遇到的一大问题，这些问题又加深他们悲观情绪。

自认为非常出色的家长常常会把对自我的要求带给孩子、让孩子做力所不能及的事情。案例中这位家长是觉得自己和老公的成绩好，孩子的成绩也应该好才对，这样很容易使孩子产生挫败感和悲观情绪。当家长习惯惩罚、批评孩子、对孩子挑刺，也使孩子变得悲观。

模块一　儿童情绪管理能力

案例 孩子十分消极，怎么引导呢？

> 来访者：嘉莹女士　　儿子11岁　小学四年级
>
> 　　我每天晚上检查他作业，放学之后从来不让他玩游戏、看动画片，但是他成绩还是不好。前几天他时常忘带作业本回家，上学也没带书，我看他不写作业我很生气，问他："你的记忆力怎么这么差呢？为什么别人都不忘记，你忘记？这是第几次了？上次你忘记带书，我怎么说？你每次都这样，你是不想做作业，故意不带回来！我让你干什么你都不干。"

　　我每次问他："今天发生了什么好玩的事？"他都说"没有，都是不开心的事，无聊得很"。我想带他出去吃顿自助餐，因为下雨没去成，他抱怨我，还把自己关在房间里很久，我说："本来你成绩那么差，又不好好学习，我不该带你去吃自助餐。"

　　昨天他说不喜欢学习，我问为什么，他说："我记忆力差，背单词太难了，不想学了，我背不下来，英语真讨厌，每次听写我都错很多。"我说"你天天不好好写作业，当然记不住了，你是懒，每次遇到点困难你这样，不想学不要学了！他就哭，你说他是不是故意这样？我真不知道该怎么办。"

▶ 不要以偏概全

这位妈妈说"我让你干什么你都不干"，这句话是犯了以偏概全的错误，"每次""总是""什么都不"都是以偏概全常用词汇。孩子都希望满足父母期望，让父母夸奖和认可自己，孩子没有带书和作业本，可能有很多种原因，家长没有理解孩子心理，因为孩子做错了一件事否认了孩子所有努力，孩子在心里说："好吧，你爱怎么说怎么说吧，我的努力都是白费，我做什么都没用。"这样极大地破坏家长与孩子间的信任，也觉得父母根本不理解自己，从而对父母压抑情绪。

▶ 不要恶意揣测

这位妈妈对孩子说："你是故意的，你是懒"，这些话一定深深伤了孩子的心，往往家长恶意揣度孩子时，孩子这样说："对，我是行了吧！我是最差孩子！"这是个无效沟通，家长这样说不仅起不到教育孩子的作用，而且让孩子不得不跟家长吵架。本来也许孩子没想逆反，家长却把他逼得不得不对着干了。当家长心里已经怀疑孩子了，非常容易对孩子表露出来。不论事实如何，当家长从众多理由中选择最坏那一个来扣在孩子头上，而面对家长权威孩子又百口莫辩时，孩子心里一定充满绝望，感受不到父母的信任和关爱，增加悲观感受。

▶ 不要翻旧账

这位家长想带孩子吃自助餐，因下雨没去成，却翻出孩子成绩不好事来说孩子，这其实是两件不同的事。对待孩子，家长千万不要做的一件事是翻旧账。孩子每次犯错原因可能不同，家长应该就事论事，解决当前问题，翻旧账让孩子把本次的体验与过往的糟糕体验叠加。当遇到挫折，他们需要的是家长的关爱和帮助。这位家长没有控制好情绪，升起了怒火，拿出以前的事情数落孩子。"你看看你，你又错了，你多少次这样了，你怎么是改不了这个毛病呢？上次……"，这是翻旧账常见的语言，孩子从这种语言里感受到的是批评和泄气，初期孩子纳闷："这事儿不是都已经翻篇儿了吗，为什么又要提？"如果孩子犯过错总是被提起，孩子仿佛永远被压得无法翻身，也不想翻身了。家长可以选择这样的语言："你这个字写错了，把它抄写十遍，把它记住，下次就不会错了。"这样说孩子感受到：虽然我这次受了挫折，但是只要我可以用行为改变，下次可以避免这个挫折。

▌不要贴标签

这位家长说孩子记忆力差，也许孩子并不认可，但孩子慢慢也这样来说自己。这样给孩子贴上了许多标签：伤春悲秋、不受喜欢、不如别人家孩子、不快乐等。当家长对孩子说一个词时，孩子会把自己与这个词试图匹配，如果自己确实有这个特点，或是父母说了自己有这个特点，下一次孩子自然而然会认为自己是这样，因此家长多说一些正向词语会对孩子更加有利。

▌不要反刍负面情绪

人总是容易记住不开心的事情而忘记让自己开心的事情，

而孩子自我调节能力较弱，很容易被负面情绪深远地影响。当家长帮助孩子调解负面情绪时，不要让孩子反刍（反刍指某些动物进食经过一段时间以后将半消化食物从胃里返回嘴里再次咀嚼）。当事情已经发生，反复去思考这些事情做得有多么坏，会让人忽略正面情绪，也会忽略解决方案。因此，反刍负面情绪的过程比负面情绪本身更可怕。当家长想说："我不要带你去商场，上次不给你买玩具你一直哭，回到家还不吃饭？"家长可以这样表达"如果你今天去商场开开心心，能体谅妈妈，我带你去商场，相信你能做到对吗？"

接纳、关注、沟通

当这位家长想要关心孩子时，孩子说："没什么开心事"。一方面家长无法接纳孩子悲观这件事，另一方面家长跟孩子沟通不良，让孩子不想跟家长表达自己内心的想法。每个孩子都不同，也可能出现不同问题，当孩子出现悲观情绪时，家长要接纳孩子的情绪，孩子悲观不是为了让家长难受，而是孩子本身受此困扰。平时家长要关注孩子情绪变化，不要让孩子闷着头自己在屋里想，要耐心地跟孩子正面地讨论。当孩子不太开心时，问孩子："我看到你不开心，你能告诉我你是因为什么不开心吗？我们有没有什么方法能让自己开心一点？"这样正面讨论方法，可以帮助孩子去审视自己的情绪，让孩子意识到情绪是可以讨论和调节的。

▶ 找反例

当孩子表达出对自己能力的怀疑、对事情有消极态度，家长可以通过找到孩子话语中错误逻辑，找反例来证明这样悲观不对，同时鼓励孩子。如果家长听到孩子说了消极话，不要立刻逼迫孩子转变，而是慢慢引导孩子。比如案例中孩子说自己记忆力差、不想学英语，家长可以这样说："并不是这样哦，上次你英语考试成绩明明考了 95 分，你特别开心，还记得吗？你有很多次听写都是完全没有出错呀！以前你也说数学很难不想学，经过努力克服困难，现在学数学对你来说轻轻松松对吗？相信自己，你可以战胜这点挫折！"

▶ 言传身教

孩子的言行有时是从大人身上学到的，如果想让孩子变得积极乐观，家长可以通过自己积极言行影响孩子。当跟孩子一起遇到糟糕事情时，将抱怨话转变为积极话，比如下大雨这件事，本来孩子是这样想："下大雨了，本来说好外出吃自助餐不能去了，好烦呀！"家长可以这样说："明天吃自助餐也很好呀！我最近一直想吃自己做红烧排骨，今天正好可以做呢！"父母是孩子最好老师，父母对待事情的态度孩子也可以学习到，家长平时可以多给孩子讲一些积极面对挫折的案例，让孩子知道挫折没有那么可怕。

孩子越是悲观时，就越会把生活中积极的事情忽略，家长可以多带孩子感受美好和快乐，细小快乐积聚起来也有很大影响。孩子的天空中乌云密布时，父母有责任给孩子撑一把伞，让孩子站起来勇敢前行。

工具

工具名称：神奇情绪表

使用方法：将今天遇到的不开心的事写在左侧表格中，父母和孩子一起讨论，用积极、乐观的视角说明这件事，并写在右面表格中。

今天遇到不开心的事	从积极、乐观的视角来说明这件事

作业

1. 思考：最近一周，家长的头脑中是否有产生"以偏概全""翻旧账""恶意揣度"的句子呢？家长对孩子说的话是用于积极解决问题，还是用于发泄情绪呢？

2. 发现：与孩子一起写出今天发生的十条美好、令自己开心的事。

第 2 节　焦虑：如何帮助孩子面对焦虑？

案例　悲观：考试焦虑的孩子

> 茜茜：9 岁
>
> 　　茜茜爸爸："我女儿一直学习很努力，但是从五年级开学以后，每次考试前就会腹痛、发烧，以前我和她妈妈都觉得是感冒没太注意。最近几次考试她成绩下降得厉害，现在茜茜根本不愿意在我们面前提起考试，每次到了考试都想让我们帮她请假。"

▶ 孩子也会焦虑

　　考试对有些孩子来说是压力比较大的一件事情，茜茜的情况是很典型的考前焦虑。焦虑的本质是一种针对未来的、弥漫性的恐惧。当一个人想到未来时，担忧未来事情的不确定性，不知道会不会有不好的事情发生，这就是焦虑。茜茜的焦虑是出于无法应对考试压力，不敢面对考试结果。

　　焦虑是一种难缠的情绪，因为它具有周期性发作、易转移和易复发的特点。考试焦虑的孩子在考试前会焦虑，考试结束焦虑感消失，再面对考试时焦虑又会重现。

　　焦虑的转移表现为：当一个焦虑项没有被解决，接着去做其他事情时，焦虑会转移到新的事情上。比如有些考试焦虑的孩子，考前很害怕其他同学问自己复习得怎么样，所以在学校里尽量躲着别人，甚至因此产生了社交焦虑。

当孩子的焦虑解决后，如果受到其他因素的刺激，就十分容易导致焦虑复发。因此跟焦虑做斗争是一个长期、艰苦的过程，需要家长和孩子做好打持久战的准备。

▶ 识别这些焦虑的表现！

焦虑给人最大的感受是痛苦反复来袭，而且是心理和生理双重袭击。

焦虑的症状有难以入睡、脱发、心情紧张、慌乱不安等。很多孩子在焦虑得厉害时会突然哭泣、呼吸急促、恶心呕吐，还有可能发烧、胃痛。

焦虑还会表现出特异性行为——逃避行为与安全行为。具有社交焦虑的人抗拒去人多的地方就是一种逃避行为。安全行为是指通过反复确认和反复提问来确保自己安全。如：具有分离焦虑的孩子在父母出门前会反复提问："你真会回来吗？你会丢下我吗？你什么时回来？你几点回来？"有些问题已经问过一遍，还会再问。当孩子出现这样的行为时，内心是希望父母给自己提供确定性答案，来缓解焦虑。逃避行为与安全行为本身也会增加焦虑。当孩子反复地不断地提问，看似兴奋、期待或是困惑，其实是焦虑的表现。

拖延是很多小孩和大人都会出现的行为，而拖延的主要原因就是焦虑。比如孩子不交作业，是担心自己写不完或做得太差会被老师和家长批评，既想要追求完美，又担心做不到，因此一边焦虑一边拖着，而越是拖着，焦虑就越厉害。最终形成恶性循环。

如果孩子出现了黏人、易怒、抱怨、寻求保证、争辩、缺乏活力、害羞敏感、小心谨慎、睡眠不好、有攻击行为、有拖延行为等表现，家长就需要注意了，这些行为中的两个以上组合出现，那极有可能就是你的孩子在暗示你，他很焦虑！

焦虑与战斗和逃跑有关！

远古时代，为了应对环境，人的神经系统形成一种反应机制叫作"战斗—逃跑反应"。当远古人类遇到危险时，为保证自己安全，将所有的身体能量用于准备搏斗或是逃跑。此时血液会大量流向四肢，给大脑和其他器官的供血量会减少，心脏会加快运送血液，体内大量分泌去甲肾上腺素和皮质醇类的激素。因此会表现出情绪紧张，呼吸急促，面色潮红等表现。焦虑也会引发人体类似"战斗—逃跑反应"。

长期处在战斗—逃跑反应下的人，由于消化系统减少供血，可能会导致胃酸分泌过多、胃壁蠕动放缓，导致胃溃疡等肠胃疾病，因此焦虑的表征之一就是出现肠胃功能问题。为什么现在青少年胃病患病率上升，这跟青少年焦虑人群增加有关。长期处在焦虑反应下还会导致失眠、生物节律紊乱。

焦虑会使孩子的认知功能狭窄。由于思维与专注力过多地放在了搏斗与逃跑上面，大脑供血不足，摄取的信息量减少、理性分析减少，意识、思维、判断力均会受到影响。所以认知功能会下降和产生偏差。所以焦虑的的确确会影响孩子的学习能力。而学习能力受损又会进一步加剧焦虑，导致恶性循环。

焦虑的人对所处环境的评价通常会偏向危险和消极，这也会导致焦虑状态下的人攻击性增强。

有位小朋友，害怕出门，因为他觉得出门汽车就会撞到他。按照常理，如果他能够多出几次门，通过体验学习到汽车撞人的频率并没有自己想象的那么高从而减轻这种焦虑，他的问题就解决了。然而，焦虑对孩子的学习功能有很大的影响。一个焦虑程度正常的人预测到风险时，会去验证风险的实际发生概率，并通过验证习得安全感。当下一次再遇到相同情况时，就会利用自己的知识和经验，克服焦虑。而焦虑的孩子这个学习的过程是被抑制的，每次遇到相似的情况他们即使曾经体验过出门很安全，内心还是一直为风险而担忧，并且这种担忧又会进一步抑制他们的学习功能。

焦虑不仅影响身心健康，还会影响人际关系，这是因为焦虑有蔓延的效果，非焦虑者与焦虑者相处也会产生焦虑。由于焦虑者的情绪也更加不稳定，和被感染到焦虑的人想脱离焦虑环境，非焦虑者就会避开与焦虑者的交流和玩耍。儿童及青少年期长期具有焦虑情绪的人，成年会有更大的概率患心理疾病，长期焦虑会使人把焦虑情绪融入个性中。因此，家长要尽可能早地关注、发现孩子的焦虑并进行管理。

▌一起解决可怕的焦虑！

当家长看到孩子出现焦虑表现时，首先跟孩子坦诚地沟通，让孩子觉察焦虑、认识焦虑、判断焦虑程度。如果孩子已经出现多种焦虑表现并反复发作，就需要及时寻求专业咨询师帮助。对于年龄大一点的孩子，可以直接跟孩子讨论焦虑，对于年龄小的孩子，家长可以通过举例子、读绘本来让孩子理解焦虑。

要处理焦虑就需要了解引起焦虑的根本原因，不同于恐惧，焦虑的根本原因需要持续、耐心地追问。当孩子总是在上学路上肚子痛而不想去上学，那么厌学只是一个表层原因，深层原因也许有很多。每一个回避行为背后都有一个焦虑的诱因。父母可以这样问出孩子焦虑的原因："如果你去上学，会怎么样呢？你觉得会发生什么？如果发生了让你担心的事，你会是什么感受？"当确定了焦虑的根本原因后再针对性地解决。

在寻找焦虑诱因的过程中，家长要理解孩子，认同孩子焦虑情绪的合理性，这是帮助孩子克服焦虑的基础。同时避免在评价孩子时，给孩子贴上负面的或难以改变的标签，如懒、内向、迟钝、胆小等，这会增加孩子的焦虑。

短暂逃避和安全行为能够让孩子减少当下的焦虑，但如果经常使用，孩子的依赖程度会越来越深，面对焦虑的反应会更加激烈。如果无法提供给孩子一个避免遇到让他焦虑的因素的环境，那么家长最好让孩子摆脱依赖。当社交焦虑的孩子一再提问："今天一定要去小南家做客吗"时，家长需要明确地回答孩子说："是的。你早就和小南约好了不是吗？我知道去他家拜访对你来说不容易，但是不用担心，我会在你身边陪着你。"

不要放纵孩子一直躲在逃避安全行为背后，但是同样不要急于求成，试图一步到位解决孩子的所有焦虑。比如，妈妈在带孩子去超市时，可以邀请孩子帮助自己把所购买的物品递给售货员，这样的做法比起放任孩子躲在妈妈背后不搭理任何人的逃避行为，用次焦虑的事情代替最高焦虑的事情，可以慢慢减少孩子逃避行为。同时又避免了让孩子直接与售货员对话的这种一次性解决孩子社交焦虑的行为给孩子带来的压力。

认知会指导行为，这也是焦虑的根源。如果认知没有改变，即使阻止了行为，焦虑还是会不断产生。孩子的认知偏向负面、灾难化、极端化时，孩子的焦虑就产生了。因社交关系感到焦虑的孩子可能会猜测别人心里的想法："他们聊天的话题我都不懂，那些同学一定在心里嘲笑我，他们一定会认为我很蠢……"，这种"读心术"确实会给孩子带来很糟糕的感受。那么家长要怎样做才能使孩子减少一点焦虑呢。首先理解孩子因为负面认知产生的糟糕感受，然后通过共情使得孩子敞开心扉，再提供一种新鲜的视角。

"啊！被别人嘲笑愚蠢确实会很难受呢，如果是我，我可能也不想跟觉得我蠢的人玩。但是有没有可能，他不会觉得你蠢，而是会觉得想教你一些你不知道的事情呢？很多人不是都挺喜欢当人老师的嘛，这样挺有成就感的。"

模块一 儿童情绪管理能力

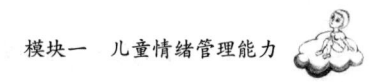

🧰 工具

名称：情绪糖果罐

使用目的：辅助年龄小的孩子认识焦虑，有利于家长疏解孩子情绪。

使用方法：将不同情绪比喻成不同颜色的糖果，焦虑是一颗绿色糖果，悲伤是一颗蓝色糖果，愤怒是一颗红色糖果。快乐是一颗黄色糖果。当家长看到孩子的情绪不稳定时，问孩子：你现在的心情是一颗什么颜色糖果呀？

📓 作业

导致孩子考试焦虑的负面认知有哪些？假设你是考试焦虑的孩子的家长，你要怎么帮助孩子调整认知呢。

第3节 压力：如何帮助孩子面对压力？

案例 嘈杂的环境让孩子无所适从

娴娴：8岁

娴娴妈妈："前天我带娴娴去参加一个小演员选拔活动，娴娴平时在家很爱表现，但是到会场后一反常态，一直说会场太吵。面对会场里的人，她先是沉默地拽着我，后来快上台表演了，她就又哭又闹，别的小朋友来安慰她，她还朝他们吼。"

明明是一个充满欢声笑语的场合，娴娴却觉得吵闹无比；明明在家中活蹦乱跳，到了人群中却沉默不语，弄得妈妈感到一头雾水。娴娴的反常是压力大的表现。从娴娴的角度来看，妈妈把自己带到了一个十分陌生的场合，嘈杂的声音、拥挤的人群、上舞台表演三座小山突然落在了娴娴的心上，这时不但妈妈不理解自己，还不断有陌生的小朋友靠过来，娴娴只能用哭、闹、攻击来保护自己。

当孩子感受到压力时，头脑会非常警觉，随时准备攻击，一言不合就会和同龄人产生激烈的冲突。过度紧张还会引发多种生理反应。大脑应对压力有两套装置共同调节，一套是交感神经系统，一套是副交感神经系统。当人的压力增大时，大脑会激活交感神经系统，如同踩下油门，让自己呈现一个充满干劲的搏斗姿态。而当压力过大时，大脑的副交感神经系统被激活，就像踩下了刹车，降低压力水平，避免造成焦虑。

虽然踩下油门让车速更快，但频繁地踩油门会导致车的能量耗尽。当孩子长期处在压力状态下时，一直鼓足干劲应对压力，能量一直被消耗，心理状态终会疲累、失衡。而经常踩刹车，刹车会被磨损得厉害，孩子也是一样。除此之外，压力还会影响孩子的脑力发展，这是因为人处在高压下时，大脑的边缘系统会使身体的节律变化，出现呼吸加速、血液循环加快、心跳增速、流汗等生理变化，大脑的供血减少，认知功能受限。因此压力最好的状态就是适中，长期过大或过小都对孩子有负面影响。

成人的压力，每一位家长都深有体会，可孩子的压力并不容易被大人理解。在我过往的一个个案中，家长也为此苦恼："我最近没有给孩子施压，上的兴趣班都是孩子喜欢的，这压力从何而来呢？"在跟孩子沟通后，孩子说，自己每天上完课后要去托育班做作业，晚饭匆忙吃完就开始赶晚上的补习班，常常十点才下课。周末也有多种兴趣班，甚至旅游一天也要写200字的心得，压力真的太大了。

当代社会，每个人都面对着更大的竞争压力，父母和孩子都需要适应快速变化的社会环境。当孩子表现出对压力的不适时，父母需要知道孩子的压力来源，帮助孩子来调节。

▌压力源

　　孩子常见的压力源有生物性压力源、情绪性压力源、认知性压力源和社交性压力源。生物性压力源如睡眠不足、噪声过大、光线过亮，都容易造成压力。情绪性压力即悲伤、愤怒等负面情绪带来的压力。

　　认知性压力是由负面认知带给孩子的压力。容易形成负面认知的思维方式有：忧虑思维、敌对思维。对考试感到有较大压力的孩子，就是忧虑思维在捣乱，孩子的脑海中萦绕着："考砸了怎么办？""人生会不会因此毁掉？""父母会不会骂我？""同学会不会瞧不起我？"等问题，都会化为压力。

　　敌对思维是经常设想出自己的敌人，把善意提醒自己的人或批评自己的人都当成敌人。比如我曾碰到一个小女孩不愿去上课的个案，因为在课堂上回答问题时，女孩没有答出来，心想是老师故意选难的问题让自己难堪；同桌告诉自己的答案是错的，同桌也是故意使坏。

　　还有一种重要的认知压力是糟糕的评价。不论是外在给孩子的糟糕评价，还是孩子自己对自己的糟糕评价都会形成压力，并降低孩子调节压力的能力。

　　社交性压力源即本篇案例中娴娴面对的主要压力。对于多数孩子来说，在陌生环境中与陌生人群进行社交都是一个巨大的压力。如果缺乏适应的过程，让孩子强行融入人群、与陌生人沟通，孩子可能会承受不住压力而崩溃大哭。另外，强行命令孩子承担社交中的责任也是一种社交性压力源。比如家长逼迫孩子对陌生人做出亲社会行为，或是做客时命令孩子表演、客套等，都可能让孩子不知所措，甚至对社交产生反感。

案例 孩子总是啃指甲怎么办？

> 小峰：7岁
>
> 　小峰爸爸：孩子上一年级后特别喜欢啃指甲，我曾训斥过他，在他手上涂过辣椒油，把指甲剪得很短，但都没有效果，很快他又把手指甲啃得坑坑洼洼。最近他又开始尿床，这是为什么呢？

　　面对压力，孩子常常手足无措：或抓头，或搓手，或咬嘴，或抖腿。从心理方面来说，啃指甲也是孩子为了应对压力、安慰自己而产生的行为。经过咨询发现，小峰不喜欢新的环境，小学与幼儿园在学习方式上有很大的不同，小峰还没有适应这种变化。小峰的爸爸虽然采取了多种措施来围追堵截孩子啃指甲的行为，但并没有帮孩子处理内在的压力，因此压力应对行为会反复出现。小峰爸爸那些围追堵截的行为不但强化了小峰的行为，还形成了新的压力。因此，当家长对孩子的行为感到疑惑时，首先要重新定义孩子的行为，找出诱发原因，帮助孩子调节压力，才能长期有效地改变外在行为。

▌怎么帮助孩子调节压力？

在感受到孩子的压力后，如果家长对孩子说："不要紧张、不要有压力、不要胡思乱想。"这就把压力的调节理解为了一个开关键——按一下关闭就能瞬间消除压力。调节压力需要循序渐进、从压力的根源出发，通过五个步骤帮助孩子调节压力。

五步减压法的第一步是识别迹象，重新定义行为。情绪管理宜疏不宜堵，父母要正确看待孩子在压力下的沉默、吵闹、啃指甲等行为，不给孩子下错误的定义，如"太内向""太淘气""不懂事"等，让孩子意识到这些行为是源于压力，而不是因为自身是个"问题孩子"。

第二步是识别压力源。父母要在理解孩子压力的前提下，倾听孩子的内心，鼓励孩子表达出头脑中的困扰，了解孩子对哪些压力源敏感，注意到孩子是否有认知性压力，比如当孩子表示在班级中受到了同学的嘲笑时，即使孩子只是淡淡地一句话带过，家长也需要意识到这是一个求助的信号。

第三步是减少压力源。许多家长认为：培养孩子的抗压能力，就要给孩子施加压力。这是一种错误的认知。在当代社会，孩子不可避免地已经承担了无形的压力，不需要人为制造挫折。家长再过多地给孩子施加压力，结果只能是适得其反。提高孩子的抗压能力需要的是孩子健康的心理状态和正常运转的压力调节机制。孩子大部分的压力源，家长是可控的，减少这些不必要的压力源，才能让孩子有力量去应对那些不可避免的压力。

第四步是缓解压力。根据不同的压力源，可以使用不同的缓解压力的方法。减少孩子的压力需要父母帮助孩子清晰目标、制定合理的目标。孩子的认知性压力源往往需要家长帮助调节。当孩子压力过大时，家长可以帮助孩子制定合理的目标，不给孩子提过高的要求，减轻孩子的忧虑；当孩子描述出对自己的糟糕评价时，家长可以通过鼓励、认可的方式来缓解孩子的压力。

第五步是完善压力调节机制。当孩子成功缓解了压力后，家长如果能让孩子认识压力、感受缓解压力的过程并从中吸取经验，在未来孩子再遇到压力时，对压力和压力的调节过程会有更广的认知，对自己的压力调节机制会有更深的了解，再面对压力时就能够很好的应对，也知道如何自主地调节压力。

当孩子在高压状态下时，家长与孩子往往很难沟通，这是因为压力具有传染性，而且压力会让人耳对低频的声音更敏感。当孩子哭闹、拒绝合作，家长的压力值也会随之飙升，头脑中其他的压力也会跟着跑出来，于是孩子与家长成为彼此压力的载体，各自承担了双重的压力。处于这样对峙的状态下，双方就无法顺利地沟通，最终形成恶性循环。由于远古时期的人类在感到压力时会专注于低频的声音，因此当人处于高压状态时对低频的声音更加敏感。因此，家长需要意识到自己的"被传染状态"，冷静下来，降低音调和音量，减缓语速，才能打破恶性循环，更顺利地跟孩子沟通。

工具

工具名称：叠罗汉

工具目的：让孩子认识压力，直观体验压力增大的过程及影响。

使用方法：让孩子平躺，在孩子的额头上放硬币，用硬币来代替无形的压力，第二枚硬币放在第一枚硬币的上方，让孩子的眼睛尽可能地看向硬币。每放一枚硬币就询问一次孩子的感受，随着硬币的增多，家长从身体影响到心理影响方面向孩子介绍压力，直到孩子承受不了，喊停为止。

工具名称：腹式呼吸法

工具目的：减轻压力，调节情绪，放松身心。

使用方法：教孩子使用鼻子吸气，感受腹部的隆起，和气流的清凉，深深吸入后张开嘴巴呼出，感受呼出气流的温热。吸气和呼气的速度要慢，匀速。在心中数4、2、4的节奏：吸气4秒，停2秒，呼气4秒。重复做5~10次。

工具名称：肌肉放松法

工具目的：减轻压力，舒缓紧张状态，放松身心。

使用方法：让孩子伸长手臂，张开五指，再攥紧五指。坐在椅子上将双脚抬起，绷紧再放下。张开下颌再合上，前后左右地晃动脖子。

作业

自我对话

让孩子说以下句子：

"不经风雨，怎见彩虹？"

"这不能打倒我！"

"这一定有办法解决！"

"办法总比困难多！"

"我有防护罩不会受伤。"

告诉孩子，下次感到压力时，可以这样对自己进行积极的心理暗示。

第 4 节　敏感：如何帮助"玻璃心"的孩子？

小敏的成绩一直不错，但有一次月考发挥失常，没有考上 90 分。正巧老师讲评试卷的时候说：有些同学最近心思没有放在学习上，成绩倒退了不少，回去要好好反省一下。老师的话语让小敏觉得老师是在说自己，内心体验到极大的羞怯。她感到被老师针对了。她担心老师是不是从此会认定她是个不爱学习的学生，为此忧心忡忡。妈妈知道后，批评她想得太多，妈妈觉得她是自己没考好才心虚，班上不只她一个人退步了，老师不是针对她一个人，小敏无法接受妈妈的说法，坚信老师是针对她，并且感到害怕。

内心很敏感的孩子往往会比其他孩子多更多的痛苦。因为他们容易感受到伤害。老师家长的一句不走心的负面评论，同学朋友的一个不经意的非微笑的表情，陌生人的一瞥而过的眼神，都能让一个敏感的孩子琢磨很久。"他这么说是讨厌我吗？""他不对我笑，是觉得我不好吗？"这些话语都是敏感的孩子脑内经常浮现的不能明言的弹幕。

内心敏感的孩子除开对人际互动很敏感以外，他们中有些人对其他的视觉、听觉、痛觉信息也会比一般的孩子敏感。往往其他人觉得微不足道的外界刺激源，对于敏感的孩子来说也觉得难以承受。小龙是一个 5 年级的小学生，他在房间写作业，其父母待在客厅里看电视,可是小龙会不时抱怨父母电视声开得太大影响自己写作业。为了不打扰孩子,之后孩子每次做作业时,小龙父母都会把电视音量调到很低。可是即使音量很低,小龙仍然会反馈声音刺耳,影响自己。全家人很无奈,以至于从此之后只要小龙写作业,家里不会有任何声音。

小龙就是一个天性敏感的孩子,他的敏感体现在他对声音刺激异常敏感。普通音量的声音讯息对他来说也算噪声。这样的孩子深处嘈杂的人群中时,此起彼伏的各种声音对于他们来说是巨大的压力,他们可能因此选择远离人群,寻求安宁。如果没有理解到是"噪声"让孩子离群索居,而单纯把孩子评价为一个"孤僻"的人,试图改变他的个性,这种做法,不但不能帮他们,还可能增强孩子对自己的负面看法,让他们更不愿意面对其他人,进一步孤立自己。

面对内心敏感的孩子,有些家长容易陷入一种误区,认为"其他孩子都没事,为什么就你感觉到不舒服",家长甚至可能觉得敏感的孩子就是过于矫情才没事找事,让自己难受。然而大量的基于高敏感人群的科学研究显示,敏感并不只是一种心理现象。敏感人群体内的去甲肾上腺素和皮质醇这两种神经递质是高于一般人群的。而这两种神经递质的工作机制本身就是让机体处在紧张和警觉的状态下,以应对外界的伤害。所以敏感的孩子容易受外界刺激影响并不只是一种孩子的个体选择,是会受到孩子的生理特性的影响。

在前面几节中，提到了愤怒、悲伤、焦虑、压力等情绪，敏感的孩子比一般的孩子更容易感知到自己以及他人所处的情绪状态，他们细腻的感知力会让他们更容易沉溺在某种情绪中难以自拔。

如何帮助敏感的孩子。

说到如何帮助敏感的孩子，很多人会第一时间想到要给孩子"脱敏"。但是从上文中我们可以了解到，敏感并不完全是一种个人选择，强行把一个敏感的孩子变得不敏感并不是这个问题的最优解。

作为父母，首先需要接纳自己的孩子很敏感这个事实，敏感的孩子对于父母的不认同（即使不明说）也能很轻易地感知到。而比起其他孩子，敏感的孩子更容易因为不被接纳而感到痛苦与无助。所以有些敏感的孩子在察觉父母不喜欢自己的敏感时，会选择压抑自己，尽量表现出对外在刺激的不在意。但是压抑并不代表真的不在意，反而让痛苦没有自由表达的空间，就像高压锅，装得太满，压得太用力，可能会爆。

其实天性敏感并不尽然只有坏处。敏感的孩子更能理解他人的情绪和痛苦，所以他们往往拥有比其他人更强的共情能力。一位母亲，辛劳工作一天回家，孩子特别贴心地接过母亲手里的包放在置物架上，并关切地问，妈妈是不是很累呀。别怀疑，能做出上述操作的孩子，一般都挺敏感。敏感带来的同理心是有利于他们发展社交的。所以敏感并不是洪水猛兽，而是放错了地方的心理资源。

面对敏感的孩子，家长最重要的是学会倾听。无论是受到喧哗噪声困扰的对声音敏感的孩子，难耐强光的对视觉刺激敏感的孩子，还是总感觉自己被人另眼相看的社交敏感型的孩子或者对自身及他人负面情绪相当敏锐的情绪情感敏感型的孩子，他们都需要被看见被理解，当他们向父母抱怨自己的痛苦时，父母可以尝试去倾听。

例如，本节开头案例中的小敏向家长抱怨被老师针对时，家长迫不及待的打断她，并斥责"你太敏感了，你心虚"，只会让孩子认为家长并不理解自己的痛苦，从而关闭沟通的渠道，让家长的善意劝解全如过眼云烟，半分没被听进去。

如果家长选择倾听孩子的感受，并回应"当你觉得自己被当众批评，一定很难熬，如果我是你，我应该也会很难受"，那么家长可能有机会在后面的交谈中进一步告诉孩子，其他人并不是有意想伤害她："学生很多，老师并不了解每一个人的感受，他可能是想激励所有成绩下降的同学努力，但是没有意识到他这么说让你很难受"。从而消解孩子忐忑的心情。

面对敏感的孩子家长还需要学会理解。对于普通人恰好的温度、音量、亮度，对于敏感型的孩子可能就是灾难。家长需要接纳孩子的一些"特殊要求"。在家庭，尤其是孩子的房间这样的私人地方，可以按照孩子的需求设计房间的布置，比如柔和低明度的灯光，隔音良好的玻璃，甚至允许孩子关门学习，但是此时家长切忌娇惯敏感的孩子。在公共场合，当孩子感觉到现场的环境难以适应时，可以允许他暂时离开或者陪着孩子去他觉得舒适的地方，但是不要要求公共场合的人或事响应孩子的需求，让孩子形成我不能适应环境，所以所有人都要配合我的认知习惯。小龙案例中，一人做作业，全家静悄悄这样的应对模式其实并不是长久之计，最好的还是给小龙的学习间做良好隔音配置。

面对敏感的孩子，家长还需要经常表扬。羞怯是和敏感伴生的一种情绪，消除羞怯最好的办法就是经常性的表扬，尤其是当众表扬。小南是一个敏感害羞的男孩子，他所在的合唱团第一次参加区里的合唱比赛，比赛过程中，小南由于紧张所以频繁抖腿，比赛结束后，小南觉得很丢人，他感觉每一位队员看自己的眼神都是敌意。赛后总结的时候，合唱队的带队老师特别把小南叫到队伍前面，大声表扬他："小南同学第一次参加比赛，虽然有些小紧张，但是他依然高质量地完成了合唱，全程音准和音高都把握得非常棒"。无论这位老师的表扬是真心还是安慰，小南从此以后的比赛再也没有因为紧张而抖腿，而且他也和合唱团的小伙伴都成为好朋友。

好用小技巧

工具名称：白纸与黑点

敏感孩子经常会对一件事情敏感而忽略了其他，犯过于关注细节而忽略整体毛病，家长可以演示给孩子看。家长在一张白纸上画一个黑点，问孩子这是什么？当孩子说"这是一个黑点"时，家长可以举起这张纸，让孩子再想想，如果孩子说还是只有一个黑点,家长就问孩子:"其实这张纸上大部分都是白色对不对?你是不是忽略了白色呢?"让孩子发现自己目光的局限性,看到整体的存在。

模块二
儿童社会能力

第一章
科学认识儿童社会化发展

第1节 儿童的友谊发展与社交技能

案例 爱讨好同学的孩子

> 小庆：五年级男孩
>
> 小庆妈妈："我老公经常从国外给小庆买玩具，小庆总是拿去给同学玩，玩坏了才带回来。我猜是他的同学欺负他老实，我就禁止他再带走玩具，我还找了那个孩子的父母。小庆知道后非常生气，说那个同学不和他玩了，因为这事他对我的态度变差很多，总是发脾气。"

培根曾说过："缺乏真正的朋友乃是最纯粹、最可怜的孤独，没有友谊，则世界不过是一片荒野。"友情对孩子来说是弥足珍贵的。朋友之于孩子，不仅能提供学习上的帮助、社交中的扶持、生活中的快乐、还能在情感上产生共鸣。缺少朋友会让孩子体会深深的孤独。小庆的乐于分享、慷慨大方是出于讨好的心理，他希望通过讨好加深与同学的关系、收获友谊。妈妈在这时强力地干预了孩子的社交，本意是想保护孩子，却忽视了小庆的社交需求，使小庆辛苦经营的友谊破碎。

▶ 不同阶段，不同表现

小庆妈妈向我表达了另一个困惑："孩子从前非常依赖自己，为何现在会为了朋友与父母闹矛盾呢？"随着孩子年龄增长，在孩子心目中与同辈的社会关系变得越来越重要，而与父母的亲子关系的重要性却在下降，到了青春期，同辈社交与亲子关系的重要性会达到齐平的状态，甚至友情会略胜亲情一筹。

孩子处在不同的年龄段时，对友谊会有不同的认识。3岁之前的孩子多数时间待在父母或亲人的身边，友谊不会过大的影响孩子的发展。

3～7岁的儿童处于幼儿园阶段。儿童刚开始上幼儿园时，刚开始接触其他的小朋友，尚未形成友谊的概念，认为和自己一起玩的就是好朋友。友谊的产生取决于孩子之间能否给对方带来愉悦的体验。有些家长会选择让孩子带小零食或小玩具去幼儿园，孩子们就是通过互惠互利，互相引起对方的快乐体验来建立友谊的，能够让他人受益的孩子就会比较受欢迎。也因此这个阶段的友谊关系不稳定，孩子会因为不同的"好处"经常更换玩伴。

7～9岁的儿童处于小学阶段。这个阶段友谊的核心词汇

是信任，最重要的是说话算数。孩子会把和自己行为一致或是对自己有帮助的孩子当成自己的好朋友。对朋友的要求主要在于认同、服从自己的想法和要求，同时双方在信任下要共享信息。

9~12岁的儿童认为友谊是十分亲密的，孩子之间的信任感增强，会在交流中透露自己的秘密，同时会注重忠诚感，友谊双方要互相帮助，双方也会互相给予好处并期待公平的回报。这个阶段的友谊开始出现排他性。这个阶段友谊破裂的主要原因之一是一方泄露秘密，另一个重要原因是回报的不公平，如果孩子分享给朋友一块巧克力，而朋友没有还给自己。当友谊出现裂痕时，孩子很容易向家长抱怨。

12岁以后的儿童注重友谊的亲密性和持久性。双方需要彼此信任、忠诚，能够互相分享、帮助和提供支持，这个阶段是友谊发展的最高阶段，具有强烈的独立性和排他性，择友的要求更多，友谊的持续时间普遍较长，友谊破裂对孩子的伤害性也较大。

虽然孩子在交友时有时的表现让家长感到不自在，比如像小庆一样用讨好的方式交友，但是由于友谊对孩子的重要性，孩子在不同的阶段会使用不同的交友策略，这是正常的。家长需要熟悉孩子的交友规律，不要轻易否定孩子的友谊，也不要在没有办法为孩子提供替代性的人际关系的前提下去轻易地干涉孩子的交友方式，要冷静看待、尊重孩子的友谊。

▎社会能力要培养

孩子交友是社会化的表现。人是社会中的个体，个体的成长过程就是不断社会化的过程（社会化是指个人在生命成长的过程中，与他人进行互动、发展社会关系）。在这个过程中，儿童会逐渐增强社会能力（儿童在与他人互动的过程中，保持并发展社会关系时所展现出的能力）。小庆妈妈应使用恰当的方式帮助小庆经营友谊、锻炼社交能力。

社交能力中十分关键的一个能力就是解决社交困境的能力，在儿童的友谊中，比较常见的破坏友谊的情境就是冲突情境，能够化解冲突的孩子的友谊具有更高的稳定性。比如说，C 的爸爸给 C 买了一个很好玩的玩具，C 孩子邀请 D 一起来比赛玩这个玩具。玩耍过程中，D 总是输，D 就和 C 说："你这个玩具太烂了，一点都不好玩，我再也不要玩了。"这时候 C 可能会用以下有三种方式回应 D 的抱怨：

回应一："我这个是很好的玩具，你是不会玩，你才说我的玩具烂！"

回应二："我这个玩具是很好的，是我爸爸花了好多钱从国外带回来的，他有好几种玩法，你还没了解它才觉得它不好玩！"

回应三："你刚刚玩这个游戏，可能还不很熟悉。如果你多玩几次，你这么聪明肯定能玩得很好！我来再教你一遍好不好？"

这三种回复反映了孩子处理社交中遇到困难的不同的能力

水平。

第一种回复是"即刻反击型"。这种回复说明孩子感受到了对方对自己的攻击,接着针对对方发出的攻击立刻给予反击,双方互相发泄负面情绪,这导致的结果可能是两个人不欢而散,可能就这样失去了这份友谊。

第二种回复是"就事论事型"。在这个回复中,孩子比较冷静地回答了对方的疑问,孩子控制住了自己的情绪,用事实证据向对方解释,这确实能在一定程度上缓解对方的情绪和误解,虽然友谊不至于破裂,但是双方的负面情绪还是有留存。

这三种回复中效果最佳的是第三种回复。这种回复说明C识别出了D由于输了游戏而产生的挫折情绪,并通过话语面向对方的情绪提供了抚慰和疏解,不仅宽容地对待对方的攻击,还理解对方困难,并主动提供帮助,这就能极大地解决双方的冲突和矛盾,把关键点放在了自己对对方的关心、关注上,在这个回复之后,这个游戏就很可能再继续下去,双方的友谊也会更加牢固。

使用第三种回复的C能感知到伙伴的负面情绪、识别出负面情绪产生的原因,并能使用恰当的语言化解冲突,说明他有着较强的共情能力,言语表述能力、分析能力和正确的认知加工策略。

可以看出,要提高孩子的社会问题解决能力,孩子需要增强共情能力。在理解对方情绪的过程中,需要注意一点:避免敌意性思维。当伙伴表现出愤怒情绪和攻击性语言时,如何看待这种攻击就决定了孩子接下来如何解决这个问题。第一种回复中，孩子的敌意性思维是由错误的认知加工策略产生的。

敌意性思维最糟糕的状况就是误解对方针对自己并且归因为自己不够好才导致别人的攻击。这种思维会让孩子感受到世界对自己不友善，并且产生自卑感。举例来说，当小 E 找小 F 玩，小 F 正在做作业，于是对小 E 说，我没空，你自己玩去吧！如果小 E 理解小 F，想到他可能被老师惩罚了，所以现在没有时间和自己玩，友谊就不会有问题。如果小 E 有敌意性思维，小 E 就会认为小 F 是讨厌自己、瞧不起自己，才不和自己玩的。可能小 E 再也不会找小 F 玩了。

当孩子因敌意性思维而愤怒时，家长要帮助孩子思考对方不是在攻击自己的可能性，进行换位思考，调整认知模式。

人的情绪并不只是通过语言表达出来。所以通过非言语信息（表情，手势，动作等）觉察他人的情绪十分重要。人天生就具有对非言语行为的敏感性，婴儿在刚出生不久后就能觉察到他人的情绪，如看到其他婴儿的笑脸，自己也会展现出笑脸。当孩子的小伙伴有负面情绪时，可能会表现出沉默寡言、眉头紧锁、紧咬嘴唇等表情。如果孩子能够识别出伙伴的不开心的表情，就不至于在别人不开心的时候还去强迫别人和自己玩耍。要教会孩子识别小伙伴的非言语行为，家长可以在自己有复杂情绪时对孩子表达清楚，让孩子知道不同情绪会有怎样的非言语行为。家长可以告诉孩子，自己在有情绪时，期望孩子做出什么行为，如：当自己哭的时候，期望孩子递纸巾、轻拍自己的手臂、在旁边默默地陪伴自己等。如果孩子不会这些应对方式，很可能会在社交中出现错误的行为，变得不受欢迎。

光说不练假把式，社交技能需要孩子多多锻炼。说教的学习效果是比较弱的，孩子即使听会了也不一定会用。锻炼社交能力必须要有社交环境。家长可以多带孩子去一些能结交新朋友的社交场所，让孩子在社会环境来运用社交技能。还有许多社交能力培养的方法在后面的章节中有详细说明。总体来说，社交技能的锻炼对孩子来说是一个艰苦却必要的过程，家长要耐心辅助孩子，帮助孩子度过社交困难的坎，让孩子充分感受友谊的快乐。

工具

工具名称：传话筒游戏

使用目的：创造社交环境，提高孩子的认知，培养孩子遵守社会规则、练习沟通技能。

使用方法：孩子和两位家长一起玩这个游戏，两位家长扮演打电话的角色，孩子要为双方传递信息。比如爸爸跟孩子说：请妈妈在今天下午三点，去楼下超市买一瓶水、一个本子和一根笔，五点我会回到家带妈妈和你去吃肯德基。孩子接收到信息以后，去转达给妈妈。妈妈听完以后，三个人坐在一起，妈妈告诉爸爸，孩子是如何说的。如果孩子能够把信息传递对了，给孩子奖励。传递的信息可以多样化。

作业

社交日记

询问孩子今天跟同伴之间是否有什么事情发生，如果有，问孩子是否感受到了对方的情绪，跟孩子一起体会对方语言中表达的感情是什么。

孩子朋友的姓名	发生的事件	孩子的情绪	对方的情绪	孩子说了什么	对方说了什么	有什么体会

第 2 节　儿童的亲社会行为发展

案例

> 程程：三年级男孩
>
> 程程妈妈："程程很喜欢帮助别人，只要同学需要他帮忙，他都会去帮，不怕脏，不怕累，因此同学和他的关系很好，都推荐他做班长。"

程程乐于助人这一点让程程妈妈十分骄傲，也让程程产生了成就感、收获了许多友谊。

许多家长都希望孩子能爱分享、会合作、帮他人，这其实是希望孩子多产生亲社会行为。亲社会行为又叫积极的社会行为，是孩子在社会化过程中需要着力培养的社会行为。它能够帮助孩子在交往过程中维持良好关系，产生幸福感。助人、利他是亲社会行为的本质。每个人都有遇到困难的时候，那时最需要别人及时给予的帮助。当一个人经常急人所难、解人所忧，他/她必然会拥有许多愿意帮助他/她的朋友。亲社会行为的反面是反社会行为，如偷窃、攻击行为、犯罪等，这都是家长极不愿意见到的行为。

▌看，这个小船有六支桨！

家长可以通过了解亲社会行为的影响因素，来引导孩子产生亲社会行为、减少反社会行为。我总结了以下六点亲社会行为的影响方面，亲社会行为可以据此产生。

第一是生物和生理学方面，主要影响亲社会行为的因素是年龄。年龄的增长使孩子的认知水平和整体能力增强。在孩子青春期之前，年龄越大，道德水平发展越高，认知能力越强，亲社会行为也会随之增加。

第二个是社会文化方面。社会文化会影响儿童的亲社会水平。如果孩子所处的社群，有更加安全，温暖的氛围，孩子的亲社会行为会出现的更频繁。

第三个方面是媒体。在2020年疫情在武汉爆发时，新闻经常会报道充满正能量的新闻，如医护人员奔赴武汉、孤寡老人为疫区捐出毕生积蓄等。当大众传播媒体塑造一个典型形象时，会引起同类群体的模仿和集聚效应，所以家长在给孩子挑选动画片、绘本、故事书时，要注意素材对孩子的影响，选择能够促进孩子亲社会行为的素材。

第四个方面是家庭。家庭中的亲人关系也是一种社会关系。家庭中的成员往往具有某些统一的特质，如果家庭中不重视社交关系、孩子的父母没有对孩子进行亲社会行为的培养，或亲人常常出现反社会行为，那么孩子的亲社会行为也很可能会表现甚少。

第五个方面是同伴。当儿童看到同伴示范出亲社会行为，自己也会跟着做。同理，同伴的负面行为也会被孩子模仿。许多家长会倾向于让孩子跟年龄比自己孩子大的孩子玩，其他孩子如果年龄大，会比较谦让自己的孩子，给自己的孩子做榜样，从这一点来说，这是利用同伴环境对孩子产生积极影响。

　　第六是情绪方面。情绪影响孩子的方方面面，当然也包括社会行为。虽然恐惧是不讨人喜欢的情绪，但它是亲和动机的催发剂之一：当两个人共处危险情景时，更容易对对方产生亲和动机，从而促使互相帮助的亲社会行为出现。而焦虑与恐惧相反，如果一个小朋友刚刚被老师批评，心情烦躁，恰逢另一位小朋友向他寻求帮助，那么结果往往是对方被冷漠地拒绝。这是因为挫折感会带来亲和动机下降、攻击动机增强。反之，情绪愉悦、气氛轻松时，孩子容易产生亲社会动机。所以家长越希望孩子产生亲社会行为，就越要减轻自己和孩子的焦虑情绪。

▌四个水手帮你乘风破浪

　　我们都会在孩子小时候给孩子讲孔融让梨的故事，想让孩子明白谦让、分享的中华民族传统美德，分享就是重要的亲社会行为之一。分享行为是把自己既得的利益分配给他人共同享用。对于孩子的分享的行为，家长需要确保分享行为对于孩子来说是公平的。很多家庭有"劫富济贫"的习惯，剥夺部分孩子的权利来满足其他孩子、强行逼迫孩子分享，让孩子感到不公平。这会让孩子在之后的生活中抵制亲社会行为、保护自己。

如果孩子在父母的劝说下借给其他孩子物品，但没有被归还，家长还强迫孩子慷慨和大方，孩子就会在未来产生拒绝分享自有物品的倾向。所以家长需要让孩子知道分享对孩子来说不是一件坏事，分享也能够获得回馈。另外家长还需要告诉孩子，分享给对方，并不是因为对方哭泣、年龄小、不够好，而是分享是一种美德，懂得分享的孩子是优秀的、令人尊重的、值得骄傲的，从孩子的内心进行动力激发。

当爸爸妈妈不开心了，孩子说："妈妈为什么不开心呀，我抱抱你，让你开心起来"，孩子在抚慰他人时共情了他人的情绪，并能使用语言或行为来安抚他人。安慰行为的产生首先需要孩子了解到对方的不开心，因此家长首先要帮助孩子识别他人的情绪，接着家长需要让孩子明白他人的消极情绪并不会对帮助者造成伤害。如果一个孩子曾经在抚慰同伴的消极情绪时受到伤害，那么孩子对于消极的情绪可能会产生畏惧，再次产生安慰行为的欲望就会降低。当孩子面对消极情绪时，家长需要让孩子感觉到安全，不会因为别人的不开心让自己受到身体或精神上的伤害，孩子就更加有可能产生安慰行为。在日常生活中，家长需要避免家庭成员的情绪不稳定导致孩子受到伤害的情况发生。

与他人良好协作、积极主动地合作，能够推进社交关系的正向发展。合作行为常常是在孩子认识到自己能力的局限性时，或跟他人合作能使双方受益时产生。孩子特别小时，孩子会更倾向于求助，因为不知道自己具有帮助他人的能力。而许多青春期后期的孩子相比合作会更倾向于竞争，因为这时的孩子倾向于高估自己的能力。所以只有当孩子对自己的能力有一个比较正确的认知时，才更容易产生合作的倾向。

助人为乐是中华民族的传统美德。当看到他人有困难时伸出援手，主动帮助他人也是一种亲社会行为。引发助人行为的动机有情景性动机和服从性动机，当孩子看到有老人在路边跌倒，一定会产生帮助对方的想法，这就是情景性动机。人类本身具有帮助同伴的本能，但随着年龄的增长，人的认知会产生变化，在受到负面新闻或他人经验的影响后，许多家长会对帮助陌生人有很强的警觉。让孩子具有警惕性是应该的，但家长应让孩子了解原因。如果孩子激发了情境性动机想要去帮助他人却被家长阻止，又没有给出孩子明确的原因，会让孩子误认为所有的帮助行为都是错误的，孩子的亲社会行为可能会减少许多。

服从性动机是指孩子会服从他人的指令去帮助他人。在一个班级中，班干部往往会表现出更多的亲社会行为。因为班干部这个角色有义务要帮助其他小朋友。当孩子承担了班干部的角色时，会更加服从助人的指令，并以此为自己的责任和使命。

▶ 挂起船帆，立刻起航！

当家长需要培养孩子的亲社会行为时，家长首先需要提升孩子感知他人情绪的能力。家长平时要关注孩子的情绪变化，这样孩子也会学着关注他人的情绪，接受和包容对方的情绪。

当孩子无法理解和包容对方时，家长可以问孩子："如果你经历了这件事，你会有什么感受？"这样来引导孩子设身处地为对方着想，学会换位思考。

当孩子做出亲社会行为时，如果家长能够看到孩子的行为，并感谢孩子的付出，孩子就会受到激励从而产生更多亲社会行为。多对孩子说："谢谢你帮助我。"这也会对培养良好的亲子关系有帮助。当孩子没有做出这样的行为时，家长可以主动创造机会，在生活中给孩子机会来帮助自己，让孩子承担一定家庭责任，分担一定的家务。当遇到对他人有帮助的事情时，家长可以通过强调自己助人的行为对别人的益处、告诉孩子自己因为帮助他人而收获了好心情，让孩子感受到帮助他人对自己的益处。

如果家长能够从小培养孩子的同情心，孩子的亲社会动机也会增强。培养同情心的一个办法是让孩子养动、植物。这个过程能够让孩子承担一个照顾者的角色，养动植物能让孩子有情绪的起伏、变化，可以对着它们疏解情绪、进行情感交流。动植物对小朋友也具有抚慰功能，还能起到生命教育的作用。

工具

工具名称：盲人点灯游戏

游戏背景故事：在一个黑夜中，一个人在路上走，看到前面有另一个人拎着一盏灯前行，这个人就加快了脚步靠近前面那个人。他靠近后发现举灯的人是一个盲人，他觉得很感动，对盲人说："您虽然看不见路，却这样为他人着想，您真是太伟大了！"盲人说："我并不伟大，因为我这样做也是为了自己，别人看清路就不会撞到我，这不是一件两全其美的事吗？"

使用目的：增进与孩子之间的信任，让孩子学会合作，锻炼沟通能力。

游戏方法：一位大人和一位小朋友在黑暗的房间中，提前准备一个眼罩、一支手电筒和一些泡沫纸，两人交替由一个人扮演盲人，另一人则扮演引路人的角色，每次由引路人牵着盲人的一只手在房间中行走五分钟时间，将泡沫纸剪成片状代表地雷区域，在行进过程中盲人不能踩到泡沫纸。

作业

让孩子记录一次自己的亲社会行为，记录事情发生的经过，孩子当时的感受，对方的反馈，以及孩子后续的想法。

第二章
儿童的社会道德发展
以及道德培养

案例 抢同学的东西不还

> 童童：7岁
>
> 　　小海妈妈："我和我丈夫都比较忙，孩子上小学半年了，前些天班主任打电话给我，说童童抢同学的东西不还，已经是第三次了，学校需要家长配合道德教育。我不知道怎么教育他，在衣食住行方面我们一直是尽可能满足，为什么他还会抢别人的东西呢？这么小的孩子怎么培养他的道德呢？"

▍道德发展有规律可循吗？

　　大人的行为会受到法律的约束，但孩子的行为主要受道德的制约。因此，家长希望孩子出现高道德水平的行为如拾金不昧、乐于助人、尊老爱幼等，就可以通过培养孩子的道德水平来达成。小海在道德方面没有足够的意识，与家长有极大的关系。小海的妈妈不了解孩子的道德发展规律，因此觉得无从下手。

儿童的道德发展有三个阶段，第一个阶段是前习俗水平。这个阶段的孩子，是用行为的后果来判定事情是否道德、可不可做。多数人认为上小学前的孩子做事全凭天性，实际不是这样。这个阶段的孩子会根据受到奖励还是惩罚来判断一件事是否符合道德。

在孩子小的时候，可能会通过撒谎来达到目的，比如想吃冰激凌时会跟父母说："奶奶想吃冰淇淋。"孩子这样说是源于以自我为中心的想法，不会考虑到撒谎对其他人的影响。如果家长没有批评孩子、许可孩子这样做，孩子就会认为撒小谎无伤大雅、没有后果，而且可以从中获得利益。培养这个阶段孩子的道德，家长需要让孩子知道撒谎是能够判断出来的，撒谎会被识破，而且会遭到批评。如果孩子看到别的小朋友因为撒谎而受到批评，孩子也会为了避免被批评而不去做这件事。

前习俗水平阶段的孩子，也会因为别人的赞赏或者因为获得奖励而出现一些帮助其他小朋友的利他行为。这个阶段的家长如果用"你再不去做作业，我就要罚你了"、"这次考得真不错，你真是妈妈的乖孩子"这一类型"言明奖惩"的方式激励孩子的好行为，挫败孩子的坏行为确实是比较有效的。

然而随着孩子长大，如果持续用这样的"胡萝卜大棒"的表述方式，会限制孩子的道德发展，让孩子对道德的认知持续停留在前习俗水平的奖惩阶段。孩子可能会表达出"如果老师不让我当班干部，我为什么要帮助别人"这一类的功利想法。当孩子上小学以后，家长想要求孩子做符合道德的事情时，应该尽量去发掘这件事情对孩子的意义,这样孩子就不会只为了奖励和惩罚而做事。

孩子道德水平发展的第二个阶段是习俗水平,习俗水平阶段是小学中年级以上,这个阶段孩子慢慢把规则内化为自我认知。在这个阶段孩子会把道德规则当成信念去执行,而且对所有人要求一致。如果自己做到了,旁人没有做到,孩子会用自己的道德认知要求别人。曾经为一个因为爱给老师打小报告而被孤立的孩子做咨询,咨询中她表达出了极委屈的情绪。她觉得自己检举其他同学的错误行为,是很正义的事情,为什么其他同学要孤立她,而父母也指责她多管闲事。对于很多习俗水平阶段的孩子而言,要求他们完全审时度势,与人虚与委蛇是很痛苦的事情。这个阶段孩子会有很多的利他行为,逐渐形成并重视法律与道德的概念,愿意尊重权威。

等到了青春期,孩子的道德水平发展进入原则水平阶段,孩子已经发展出一种价值观,对一件事情是否符合道德主要靠认知判断。甚至对权威人士的说法的正确性也会产生质疑。青春期的孩子表现得较为明显,尽管老师和爸妈对一件事明令禁止,孩子还是会去做。不仅是由于叛逆,也是由于形成了自己的道德判断。比如父母说:"打游戏就是不务正业,未来没有任何前途,不要在游戏上浪费时间。"孩子可能会回复"游戏打得好,可以做专业电竞选手,参加亚运会,为国争光,为什么要说它是件坏事情?"

另外,这个阶段孩子特别重视契约,履行契约所约定的事情是道德的，毁损契约是无法接受的，同时通过契约来检验自己和身边人的行为，所以此阶段父母要特别重视和孩子的约定。不要轻易向孩子许诺，许诺尽可能要实现，实现不了要认真道歉。孩子在这个阶段会形成普世的价值，对事物形成系统观点。并且能完成逻辑自洽，在这个阶段，家长想去调整孩子的道德观是十分困难的。

如何培养一个小雷锋？

感恩之心是道德的基础，如果孩子不懂得感恩，也就不会愿意做符合道德的事情。所以家长要多表达出感恩之心，潜移默化地影响孩子。有意无意地创设感恩的氛围，把感恩的思想贯穿在日常的小事中。从生活细节上教育孩子感谢他人、关心他人、尊重他人。

心理暗示是人们日常生活中，最常见的心理现象。积极的心理暗示非常重要。在媒体宣传的时候往往会形容做出高道德水平的人是最可爱的人、最美的人、最被欢迎的人。因此，给孩子积极的心理暗示可以从内在激发孩子的动力。

如果家长在日常生活中总是负面地评价孩子，那么孩子就会产生负面的认知，认为自己不是一个能做出高道德水平行为的孩子。而且，如果孩子做了一件好事，没有人看到，也没有人给予认可，孩子可能会感到无用和失望。因此，家长越是看到孩子、鼓励孩子、夸奖孩子，孩子就越会产生积极的行为，道德水平越高。

有一个心理效应叫作"证实偏见",是说人们普遍偏好能验证自己假设的信息,往往为了给自己的立场辩护,而选择性的收集证据、解读证据。当孩子为自己的不道德行为辩护时,会举一些现实中的例子,并越来越重视收集这些证据。因此家长要在发现孩子不道德行为的苗头时就应该多角度的讲解清楚相关的道理,在跟孩子探讨的时候要避免控制孩子、强行逼迫孩子接受自己的观点,要跟孩子平等探讨,避免让孩子陷入证实偏见的泥潭。比如孩子光看到打游戏有可能成为电竞选手,但是并没有看到电竞选手还需要掌握很多空间思维,战术思维等。而这些思维并不是光靠打游戏获得的。

在一个班级的孩子中,具有职责的孩子会对班级事务感到更多责任,从而用更高的道德标准来要求自己。在社会心理学中有一个现象,当有一个人受伤了,现场的旁观者越多,就越没有人愿意去提供帮助,这是因为旁观者越多,每个人所感受到自己肩负的责任越小。因此,对于道德水平发展缓慢的孩子,在学校中可以让孩子积极承担职务,在家庭中可以多给孩子分担力所能及的事情,循序渐进地来培养道德品质。

工具

工具名称:两难问题

使用目的:家长与孩子一起讨论道德环节,让孩子对道德有深入的理解。

使用方法:家长问孩子一个问题:"一个男人的妻子生病

了，但他没有钱买药，他现在打算去药店偷药，如果他去偷药，药店就要承受损失，但是不偷药，他的妻子会一直承受病痛的痛苦，并且病会越来越重。如果你是这个男人，你会怎么做呢？"

注意：两难问题是没有正确答案的，在跟孩子讨论的过程中尽可能多倾听孩子、了解孩子的想法。

作业

探讨现实道德新闻

家长选择一条有关道德的社会新闻与孩子进行平等的探讨。

第三章
如何处理好
同辈关系

第 1 节 孤独：如何帮助没有朋友的孩子？

案例 "谁懂我的孤单？"

> 宁宁：7岁
>
> 宁宁妈妈："我很少见到她交朋友，别的孩子放学都在外面跟同学玩一会儿，她从来都是自己回家。老师说她在学校不愿意加入其他小朋友一起玩游戏，从没见过她主动跟同学说话。她看起来经常是闷闷不乐的。我告诉她不要这么闷，多跟同学交往，但是一直没有效果。"

▶ 天使型、骑士型

每一位家长都会希望孩子是积极的、爱笑的、讨人喜欢的，但是在一个班级里，一定会有一部分看起来格外孤单、不合群的孩子，当其他孩子欢呼雀跃时，他们的表情和肢体略显僵硬、麻木，这些孩子像是穿上了隐形衣，常常会被忽视，比起结伴而行，他们更多的是独来独往。在这些孩子的成长过程中，家长常常会感受到孩子的痛苦，因为孤单是产生痛苦最普遍的来源之一。当孩子交友不慎时，家长会烦恼，而当孩子没有朋友时，家长也会烦恼。

受欢迎的孩子可以分为两种：一种是天使型的孩子，一种是骑士型的孩子。天使型的孩子的社交能力强，他们待人友善，能够包容、理解同伴，善于与人合作，对同伴尊重和礼貌，乐于赞美同伴，能让同伴感到相处得很愉快；而骑士型的孩子创新能力强，忠诚、有个性，有着独特的魅力，他们具有不拘一格、笑容爽朗等特点，会吸引小朋友们的目光。不容易受到孩子欢迎的孩子也就是不友善、攻击性强、不愿跟他人合作、自私、说话时不注意他人感受的孩子。宁宁虽然看起来是不愿意跟其他孩子一起玩，但她的内心一定是渴望能有好朋友的，只是不知道如何加入大家、如何被同伴们接纳，家长要做的是帮助孩子提升在社交中的受欢迎度。

▶ 在环境中改变最快捷

置身于社会环境中是提高社会能力的第一步。让孩子多接触社交环境，在社交的过程中锻炼自己的社交技能，是每一个孩子的必修过程。能力是需要锻炼的，如果孩子因为自己性格内向而害怕社交、躲避社交，根据用进废退的原则，孩子的社交能力就会越来越弱。对待已经对社交有些担忧和害怕的孩子，家长应该多给予孩子支持和鼓励，引导孩子多与其他人进行互动。如果孩子想要逃避，家长需要鼓励他减少这种安全行为，但坚定的态度同时要伴随着支持和尊重，不要逼迫和羞辱孩子。

很多家长是心急如焚的，无法接纳和理解孩子在社交时的慢热。如果家长经常表达类似"你怎么都不受人欢迎""别人都有很多好朋友，为什么你没有，你太孤僻了"的说法，孩子就会更加害怕社交，将社交与挫败、被批评连在一起。

家长可以适当给孩子空间，允许孩子慢慢适应陌生的环境，让孩子按自己习惯的方式进行社交。如果孩子的社交能力比较缺乏或孩子有自己独特的社交习惯，家长尽可能地让孩子自由发挥，让孩子感受到社交是安全的、愉悦的。进入到某个陌生情境中，当孩子表现出社交退缩时，家长可以选择一个比较友善的，和孩子有共同特点的小朋友，鼓励孩子先跟这样的单个个体建立链接，"你看，他跟你一样拿着变形金刚，他应该也喜欢变形金刚，我们要不要和他聊聊，看看他的变形金刚跟你的是不是一样的……"，然后循序渐进地让孩子慢慢融入群体，用温和的方式帮助孩子一步步提升社交能力。

▌沟通技巧很重要

沟通技巧对孩子的社交来说至关重要，教孩子学习沟通技巧，首先可以教会孩子怎么提问。很多孩子在沟通时明明心中没有恶意，却因为不擅沟通使得跟自己玩的孩子越来越少。比如班级组织为一位家庭贫困的同学捐款时，孩子如果这样问同学:"你家是不是很穷呀,所以要让捐款,我可以给你很多玩具,你要不要呀?"类似这样的话语,很大的程度上伤害了对方的自尊心,就会影响孩子的人际关系。在提问时,先想一下自己的问题对方听了是什么感受,在关心别人的同时,避免伤害对方。

适当的暴露自己的弱点和缺点,也可以拉近与他人的距离。当一个孩子听到另外一个孩子说:"昨天我妈妈打我了,因为我没写完作业。"那么孩子可以说:"我也是诶。前几天我妈也因为我回家晚说了我一顿。"孩子这样的说法,瞬间与对方建立了"革命友谊"。如果孩子说:"我从来都是按时交作业,我妈也从来不打我,我妈妈对我很好。"也许孩子说的是真的,但这样没有与对方产生共鸣,还会让对方产生被鄙视的感觉。

所以暴露弱点实际上是一种共情的手段,当别人诉苦时主动暴露弱点表达的是:"我不是一个高高在上的人,我希望跟你产生更多共鸣。"而被动地暴露弱点表达的是:"我跟你有相似的经历,所以我理解你的感受。"适当地教孩子从共情的角度出发做适当的暴露有利于孩子进行社交。

一个很爱制造冲突的孩子往往没有很多的朋友。有些孩子喜欢故意制造冲突,也有许多孩子是无意的。当一个人经常以"你"作为开头来展开一段对话时,很多时候是在指责对方。孩子在社交中使用这个句式开头,在沟通过程中就会让对方感到压力,在被指责、攻击后,对方就会反击,从而对双方的友谊造成破坏。因此家长可以教会孩子多用"我"来开头,这样可以减少不必要的冲突，让孩子更受欢迎。比如孩子对另一个孩子说："你踩到我的脚了，你有没有长眼睛呀！"和"我的脚被踩疼了，好难受呀！"虽然说的是同一件事情，但是带给对方的感受是截然不同的。

▌社交技巧是必备

　　孩子在刚出生没多久时，就能觉察到别人的情绪——听到别的孩子哭，他也会哭出来；看到别人的笑脸，他也会展现出笑脸。孩子对于情绪有天生的敏感性，但是不一定知道如何去做。比如说当家长不开心时，家长可以表达出自己的情绪，比如家长可以跟孩子说："宝宝，你看妈妈现在心情不是特别好，妈妈希望宝宝先自己单独玩一会儿玩具，妈妈坐下喝杯茶，妈妈20分钟以后去找你。"用语言向孩子传达非语言信息。家长可以教孩子，当一个人哭时，自己可以递一块纸巾、拍拍对方的肩膀，或坐在旁边静静地陪伴。这样去觉察和去帮助别人，体验别人的非言语行为。一个人不吭声，可能他生气了；一个人趴在桌子上，可能他不太舒服。所以家长需要教给孩子，当看到些非言语的行为的情绪表达时，家长教孩子应该怎么样去做，孩子会比较容易受欢迎。

　　有些孩子不愿意说话，但是能够耐心地倾听，而有些孩子，喜欢自顾自地说个不停，以自我为中心，经常打断别人说话。这样的孩子在社交过程中常常会很霸道，没有给其他小伙伴尊重和空间。有效的沟通中最重要的部分是倾听，只有听清楚对方表达的意思才能给予对方最佳的反馈、激起对方继续交谈的欲望、培养长久的友谊。对待爱抢话、插话的孩子，家长可以通过制定规则和严格遵守规则的方式来教孩子按照顺序发言，告诉孩子倾听的重要性。

许多孩子在社交时对跟同学一起玩感到不屑，认为别人的玩具没有自己的好，或是嫌弃其他人在某方面不如自己，这样的情绪、语言传达出去后，也会逐渐失去朋友。孩子的心理是想要保护自己，家长可以告诉孩子的是，看到别人的优点，自己也会变得更加优秀。每个人身上都有值得学习之处。每个人都喜欢表扬、不喜欢被批评，学会赞美别人、发自内心地保持谦卑，朋友一定会越来越多。

工具

工具名称：纸话筒游戏

使用目的：创造社交环境，提高孩子的认知，培养孩子遵守社会规则、练习沟通技能。

使用方法：和孩子一起用硬纸壳做一个纸话筒。并且制定一条规则，游戏过程中，每个人可以拿5分钟纸话筒，只有拿到纸话筒的人才可以说话。然后和孩子认真的讨论一个他喜欢的话题，其间不断地传递话筒。当孩子违反规则，没用话筒就插话或者独占话筒不传递时，家长要表现出听不见的状态。直到孩子能完全遵守规则。

第2节 霸凌：孩子霸凌他人或遭受霸凌怎么办？

案例 孩子被控制社交算霸凌吗？

> 阿玖：8岁
>
> 　　阿玖妈妈："我女儿有一个好朋友小A，我们两家住在同一栋楼。她们俩一起上学下学，平常也去同一个托管班。这个女孩子比较厉害，经常对我女儿呼来喝去的。女儿告诉我，小A不允许我女儿交别的朋友。如果我女儿跟别人说话，她就会强行把我女儿拉走，并且跟对方说我女儿的坏话。她还在全班的孩子面前大声数落我女儿的不好，要大家都不要跟我女儿玩。我女儿很难过，但是这是她们女孩子之间的友谊，我不知道该怎么插手。"

　　许多家长所认为的校园霸凌就是孩子被围殴，实际上霸凌不仅仅是身体上的，还包括精神上的。如行为控制、言语伤害、恐吓威胁、社交排斥都属于校园霸凌。两个孩子如果打架，往往公众会认为先动手的那个人霸凌了另一方，以谁动手打人作为评判标准，往往忽视了言语伤害。言语伤害比较常见的有：起哄、嘲讽、辱骂、传播谣言、吼叫威慑等。个案中的阿玖其实就在承受着小A的霸凌。

霸凌者的动机通常很多元复杂。有些孩子希望在同辈之间建立权威感，获得较高的社交地位，但是又不知道如何让其他人服从自己，于是只能诉诸暴力来让人畏惧自己，提高自己的影响力；也有些孩子在家庭中承受了比较多的家庭暴力，他们习得了用暴力的方式来解决问题；还有些孩子在日常生活中累积了海量的负面情绪，他们没有习得正确的情绪表达办法，可能会通过霸凌他人的方式来宣泄对日常生活的不满。无论霸凌者动机如何，背后有多么悲惨的故事，但是处理霸凌，我们的聚焦点依然应该聚焦在被霸凌者身上。

身形瘦弱，不善社交，性格内向的孩子，自我保护能力较弱，通常容易成为校园霸凌的受害者。越是不会表达的人，不知道如何求助和表达自己受到的伤害，还可能会因为被霸凌产生仇恨或自卑心理。转而霸凌比自己更弱小的人。

但是这并不意味着身材高大的孩子就不会被霸凌。我曾经接触过一个身高180cm的初二男生，他被同学恶意传播和另外一个女生的"绯闻"，造成所有的女同学都对他敬而远之。他不知道如何在流言蜚语中保护自己，只能用力量去胁迫别人闭嘴。但是当他使用了肢体反击，老师批评他是故意伤害同学，传他绯闻的同学也更加排斥他。

如果没有更有智慧的方式去处理霸凌，在每一起校园霸凌事件中，每一方都是受害者。许多孩子会在很多年后谈起这在校经历才意识到当时各方对自己的保护是远远不够的。

▌家长如何发现孩子是否被校园霸凌了呢？

如果孩子从学校回到家身体上带有明显的伤痕；孩子的作息习惯（失眠，夜惊）突然改变；孩子的食量突然短时间内剧增或者骤减；孩子情绪紧张易激动；孩子频繁找理由问家里人要钱，或者有些孩子拒绝去学校，以上所有的情况，都需要引起家长的重视。家长不光需要温柔地询问孩子在学校发生了什么，也需要向学校的老师或者孩子的同窗好友证实孩子在校的处境。一般孩子在受到校园霸凌后往往不会主动跟家长表达，那么家长需要多留一个心眼儿。如果孩子受到了身体上的伤害，要立刻判断受了哪些伤及严重情况。

询问孩子在学校发生什么的时候，家长切记不要先入为主，也不要由于担心孩子而表现出过度激烈的情绪反应。语气要舒缓，要让孩子知道，无论在学校发生什么，父母都是和他站在一边的。家长尤其不要在了解到孩子被校园霸凌的遭遇后指责孩子"为什么别人打你不打其他人？""你就一点没做错吗？""你怎么这么弱，不会反抗吗？"这样只会让孩子觉得父母并不会保护我。以后面对霸凌更不敢坦白，寻求父母帮助，而孩子对于霸凌的隐瞒往往会造成更加惨烈的后果。

▌家长如何面对霸凌

曾经有家长说，听到女儿在学校被欺负，非常想冲进学校去打对方一顿。如果只是孩子间的一般冲突，家长最好不要轻易介入。因为处理同龄人之间的冲突也是孩子习得解决社交困难的重要过程。但是冲突和霸凌是两回事。冲突是相互的，彼此势均力敌。但是霸凌是单方面的迫害，且通常是多对一，孩子受到霸凌是处于弱势的情况。如果家长完全不干预，孩子一个人面对霸凌，心理很可能会留下阴影。

家长应该保护孩子，但不能直接参与对霸凌者的反击。首先家长需要反复表达和孩子在一起的立场，倾听孩子面对霸凌的恐惧与痛苦。家长可以跟孩子一起面对霸凌者，拉着孩子的手一起走到霸凌者面前，告诉他们，如果继续这种行为就要承担后果。这样让孩子感受到：父母是支持我的，父母是我坚实的后盾，我不用害怕。这会让孩子拥有安全感。

有些家长会选择让孩子学习一些武术或者体质训练，并希望借此增强孩子的自我保护能力，减少孩子成为霸凌目标的可能性。

当然霸凌行为发生在学校，很多家长也会表述自己力有不逮，无法伸手进校园保护自己的孩子。所以也需要家长和学校及老师保持密切的沟通和互动，同时需要让孩子理解，如果遇到霸凌可以向师长求助。家长和校方合作才能有完备的力量保护孩子纯净的天空。

▌减少校园霸凌，给花朵们建立保障

在校园霸凌中保护孩子不只是家长的责任也是学校的责任。

根据联合国教科文组织的《校园暴力和霸凌》报告，全世界每年约有 2.46 亿学生遭受校园欺凌。2017 年，中国人民大

学统计调查协会对于校园霸凌做了一个调查,三万六千多名受访者中,超过一半的人亲身经历过校园霸凌,其中有 1/4 的人承认欺负过别人,三分之一的人感到被校园霸凌过。而绝大部分霸凌者也都被别人欺负过。如果遭遇校园霸凌,有 1/4 的被霸凌者会选择独自沉默,有接近一半的被霸凌者会选择"打回去"。虽然学校不是校园霸凌的直接实施者,但是学生与学校之间有契约关系。保护孩子们免受霸凌,学校必须担当起学校的责任。

　　七成以上受访者认为,校园霸凌常出现在初中阶段,其次是小学、高中。校园霸凌最容易发生在学校厕所、宿舍等私密场所,而认为校园霸凌常发生在教室操场等学校公共场所、发生在学校周边地方的受访者基本持平,各占四分之一。只有 2.8% 的受访者认为,校园霸凌最常发生在远离校园的地方。在校园监控的死角中发生的霸凌行为,很难被学校及时发现。学校门口通常是校园暴力发生的特殊之处,一方面,密集的人群中有家长、有车辆、有校外人员,四分之三的受访者观察到,校园霸凌的施暴者往往是学生与社会青年混在一起。另一方面,学生出校门的一刻不仅是同学之间小团体聚集或分道扬镳的一刻,也是学生从身心上脱离学校管制的一刻,情绪、语言、行为都会更随心所欲。校方应加强监控的力度,增加监控的数量,减少监控死角,要求安保人员提高对学生的保护意识,跟家长在接送学生方面做好配合。

　　霸凌者通常不考虑自己行为的严重性。鼓动伙伴孤立同学、散布谣言毁坏他人名誉、言语挖苦同学、用恶作剧捉弄别人——这在他们眼中很难被视为霸凌。霸凌者容易低估霸凌行为对被霸凌者在学业等方面的影响，这意味着霸凌者对自己给他人造成的伤害是钝感的。增强学生对霸凌行为、后果的认识和重视是家长及学校应尽的教育责任，学校可以定期给学生宣传霸凌事件的严重后果，为学生分析霸凌事件所产生的危害。

学校还需要提供专门针对被霸凌者的援助机制，包含隐私保护度好的霸凌举报机制，被霸凌儿童和霸凌者的隔离机制，以及让被霸凌的孩子在专业的场所接受专业的人士的心理疏导与疗愈的机制。让相关的老师接受一定程度的霸凌干预的专业培训也是有其必要性的。

霸凌事件的产生并不是单方面的，是由多种因素组合起来产生的事件，若要减少霸凌、保护孩子不受霸凌的伤害，首先要正视它，勇敢地面对它，担当起自己在这方面的责任，同时监督学校共同进步，只有这样，孩子们才能安心地成长。

工具

工具名称：话术小妙招——狮子策略

使用目的：培养孩子直面霸凌，勇于反抗的策略。

使用方法：家长对孩子说：有一只小狮子在森林中玩耍，有几只小老虎看到了他，它们不知道狮子有多厉害，就朝狮子扔石头来试探，如果小狮子不反击，它们就打算像对待小兔子一样对待小狮子，没想到小狮子朝着它们怒吼了一声，并立刻朝他们冲了过去。几只小老虎被吓到了，就迅速跑掉了。

工具名称：话术小妙招——乌龟策略

使用目的：培养孩子在霸凌中学会保护自己，避免伤害的策略。

使用方法：家长对孩子说：动物园里有一只可爱的小乌龟，它非常聪明，每当小乌龟遇到危险时，它都会感到十分害怕，立刻把脑袋和四肢收到壳里面保护自己，老虎和狮子都拿它没办法。所以，当你遇到别人来欺负你的情况时，比如别人跟你讲难听的话，或别人动手打你时，你要立刻保护好自己，你可以寻求老师的帮助，尽快脱离危险的情景，不去做正面抵抗。现在我来做老虎，你来做乌龟，我们来模拟一下！

作业

情境假设

跟孩子一起假设情境讨论，如果孩子被霸凌会怎样做；如果孩子被别人激怒，会如何做，为什么？

第3节 同伴压力：孩子交了"坏朋友"怎么办？

案例 不得不玩手机游戏的孩子

小雨：9岁

小雨："周末我去同学家玩，带着我的五子棋，去了之后看到他们都在玩手机上一款游戏，我说想玩五子棋，我叫他们，可是没有人理我。我只能去看他们玩，后来我也试着玩了一局手机游戏，还是觉得不好玩，唉，我真搞不懂他们。"

认识同伴压力

不论是小孩还是大人中都有追星群体，在一个班级中常常是喜欢同一个明星的几个孩子会聚在一起。如果5个人都喜欢A明星，第6个人不喜欢，甚至在心里认为这个明星很难看，但是他会说："这个明星还可以，挺帅的。"这就是同伴压力，当感觉到没有融入同伴当中、没有与同伴做出一致的反应时，内心会感到压力甚至焦虑。小雨就是如此。因为多数朋友都在津津有味地玩手机游戏，让小雨迫于压力去顺从大家，放弃了原本的想法。同伴压力是普遍存在的，不论是儿童、青年还是成人都会有。只是成年人对同伴压力有更多的认识，也有更多的途径去舒缓和释放这种压力。

小朋友的同伴压力往往会更加具体、更加难以摆脱，因为小朋友的人际圈大部分在学校，甚至同一个班级，当自己没有其他的渠道去释放压力，也没有其他的一些渠道让自己感受到正常的同伴关系时，往往非常小的一件事，对自己也会形成巨大的压力。如果不跟一群人一起去做某些事情，会担心被孤立，甚至可能会成为被欺负的人。这是很多小朋友没有意识到的。

▶ 如何处理同伴压力

家长要帮助孩子了解到同伴压力的存在，让孩子知道，当跟随着同伴做事情时，自己不知不觉地去做是出于想要保持住这段友谊的原因，实际上自己做了心里没有那么想做的事情。父母如果跟孩子一起探讨内心真实的想法，思考这件事情是不是应该做的。这样孩子就不会感受到父母对于自己朋友的排斥，也能在之后的行为中更多地考虑自己真实的想法。

同伴压力的产生因素有很多。当孩子的同学都在看一个动画片，而孩子却一无所知，孩子就会感受到压力袭来。家长在这方面可以多询问其他的家长们，在孩子们注重的方面，保持同伴之间的差距不要过大，这样孩子可以减少在同伴压力下对父母的不满。

想要让孩子交到合适的朋友，就要拓宽孩子交友的途径。许多孩子只是在自己班级里面选择朋友，而班里的朋友又会带给自己压力，无法摆脱。家长可以让孩子参加兴趣班，在家附近多进行社交活动，多带孩子认识一些小朋友。只有当自己有足够多和足够好的朋友，自己才有底气、有能力去摆脱现有的过于沉重的同伴压力。

案例 拒绝孩子和差生交往

> 倩倩：10 岁
>
> 　　倩倩妈妈："我女儿一直以来都很听我的话，这学期她交了一个朋友，是班里的一个差生，不学无术，一到周末就约倩倩出去玩，我很担心倩倩成绩会下降，我不知道她是不是想学坏了才交了这个朋友。我在班级群里跟那个女生的妈妈对话，让她管好自己的孩子，离我女儿远一点。后来那个女生跟倩倩绝交了，倩倩说我是个坏妈妈，还说她恨我"

　　每一位家长都非常担心孩子交到坏朋友，希望孩子能从朋友身上学到好的品质，所以当孩子交友时也想阻止孩子和成绩差的孩子在一起玩。倩倩妈妈也是抱着这样的想法，认为只有成绩好的孩子才可以跟倩倩一起玩，强行阻断了两个孩子的友谊，亲子关系也因此恶化。当孩子处于同伴压力之中时，孩子难受、学习受影响，自己也跟着着急上火。可是同伴压力的渗透力如同空气一般，家长很难将孩子的同伴压力完全阻隔在外。

家长对同伴压力的隔绝，看似十分安全，实则让孩子生存在无菌罩中，并不是长久之计。

当孩子交的朋友是家长认为的"坏朋友"时，家长总会在孩子面前说那些孩子的不好之处，为了让孩子远离他们，告诉孩子和他们玩会变坏。如果孩子很喜欢那位朋友，不认可父母所说的话，就会因此而难过，觉得父母不接纳自己的朋友，从而与父母疏离。家长也会很不解，并产生"孩子因为这样的朋友而不听自己的话了"这样的挫败感。其实家长要理解，否定孩子的朋友就是否定孩子本身。

▶ 对坏朋友的认识误区

先正确的界定"坏朋友"，才能够更好地帮助孩子处理人际关系的问题。家长需要调整对坏朋友的心理预期和误解，常见的误区有以下几个：

第一个误区：成绩不好是坏朋友。成绩不好不等于坏，"坏朋友"的"坏"应指的是品性，而不是成绩。跟成绩好的朋友在一起玩，也未必会变好。真实的科研结果显示，假设一个孩子长期处在自己的同伴群体中间较落后的位置，会对孩子的身心健康造成负面影响。很多成绩没有那么好的孩子会变成成绩好的孩子的小跟班，或为其他优越的孩子们提供一些服务。所以宁为凤尾不为鸡头的观念是错的！

孩子的许多习惯都是可以去调整和改变的，只要没有过度的恶劣行为，心地善良、具有良好的品德，那么就可以让孩子们正常进行社交。

　　在小学和初中小社会，学生的等级分化，确实是由成绩好和成绩不好来分化的，把一个孩子强行拉到一个不属于自己的等级里面，孩子要承受非常大的压力，而且要承受自尊心受损的状况。不要过度神化孩子跟成绩好的人玩会变好这件事情。孩子成绩不好，也许是学习能力的问题，也许是学习技巧的问题，也许是缺乏学习动力，还可能有智力的因素。但是孩子在交友和玩耍的过程中是不会谈如何学习、如何做作业、如何提升学习成绩的。因此跟成绩好的同学玩不是一个提高孩子的成绩的途径，把成绩的好坏当成界定朋友好坏的标准是不合适的。

　　第二个误区：有些家长觉得，孩子找一个坏朋友是跟自己对着干，挑战自己的权威。这也是一个误解，孩子在交朋友的过程中间，并不会刻意区分对方是好朋友还是坏朋友，才去交朋友。大部分的儿童在交朋友时，仅仅取决于对方是否有趣，相处过程是否愉悦。孩子在交朋友时，并不是因为自己想变坏，才跟对方交朋友。

　　第三个误区：有些家长觉得我宁愿让你没朋友也不可以让你交坏朋友。有些孩子的社交能力低下，缺乏主动扩展朋友圈的能力。这样的孩子在社交当中并没有能力按照父母设定好的择友标准筛选朋友。如果家长贸然"截断"他和"坏朋友"的互动，那孩子有可能从有一个"坏朋友"变成一个朋友都没有。现实生活中就有这样的例子。小仪胆怯畏缩，经常遭到同班女生的嘲弄和奚落甚至身体霸凌，没有人能帮她。有一天班上小霸王小雄在她被欺负的时候挺身而出护住了她。从此小仪和小雄成了朋友。小熊会带小仪做一些小坏事，比如对其他人恶作剧或者上课吃零食。小熊也会指使小仪帮自己写作业跑腿之类的。

面对小仪的处境，如果家长能帮助孩子迅速提升各方面的能力让她能自主抵抗来自各方的打扰或者索性帮她换一个新环境远离各方伤害，当然是上上之选。那如果家长没有能力呢？要在外界环境没有任何改善的情况下直接去除掉小熊这个"坏朋友"吗？某些特定的时候，有些"坏朋友"对孩子来说甚至是保护性因素。

第四个误区：有一些家长把孩子的所有过错都归咎于"坏朋友"，仿佛如果没有"坏朋友"，孩子就不会有任何的问题。这其实也是某种程度的卸责。为什么有的孩子，"坏朋友"一引诱就会跟着犯错，而有些孩子却可以不为所动。这本身跟家庭教育的方式以及孩子的自身自控力有很大的关系。

第五个误区：以偏概全。一个孩子不能单纯地用"好孩子"和"坏孩子"来区分。家长很多时候形成对一个孩子的印象全部源自于自己孩子的描述，但是孩子在描述的过程中间，会带有很多主观的成分，未必有呈现事实的全貌。如果仅仅因为听到对方一两个缺点而将孩子们隔离，那么孩子就不会认同家长的看法，家长也不能真实地知道对方的优点和缺点。因此家长需要多方面地了解孩子的朋友，才能了解对方对孩子主要的影响。

▶ 家长是否应该帮孩子择友？

　　青少年儿童在择友的过程当中，自己是盲目、不设防的，不会事先预期朋友会带来伤害。当感觉到同伴压力的存在时，已经难以退出了。如果家长放纵不管，让孩子处于同伴压力中难以自拔，就会做越来越多自己不喜欢的事情，越发痛苦就越发需要在一个小群体中间感受到温暖和存在感而更加忠诚，最后形成恶性循环。如果完全不干预，让孩子百分百自主的择友和受到同伴的影响，是不够关心孩子、不负责任的表现。

　　但是即使干预也要干预得很有技巧。"棒打友谊"是不行的。不知道各位家长是否听过，"罗密欧和朱丽叶效应"，这是指当出现干扰双方关系的外在力量时，双方的情感反而会加强，关系也因此更加牢固。所以当父母的外在力量去强制分离孩子与他的朋友时，或通过打压其中某一方达到分开两人的效果更有可能构成罗密欧与朱丽叶效应，让孩子觉得：父母真是不懂我，还是朋友懂我。那么效果是适得其反的。

　　因此，如果父母在孩子描述的他的校园生活时，展现出极大的好奇心，表达出自己对于孩子的理解和支持，比如"你好像很喜欢小 a，能告诉妈妈，他为什么这么讨你喜欢吗？""你和小 c 一起好像很快乐，爸看着也很开心，一定要告诉我，你们一起玩了什么好玩的"，这样让孩子感觉到父母是可以倾诉的对象，与孩子的关系足够亲密，获得孩子的信任，才能更加了解孩子。当孩子主动说出自己对朋友的真实想法，家长再帮助孩子会事半功倍。

10岁的小景有一群同龄的玩伴，每天一起打打闹闹非常开心。小景的妈妈会让儿子邀请这群小伙伴一起到家里玩耍并热心的给他们准备饮料和自己烤的小饼干。小景会经常搂住妈妈的脖子说：妈妈我的朋友都说你能自己烤小饼干，好酷呀。后来这些玩伴中有人撺掇小景拿家里的钱偷偷出去上网，小景选择主动告诉妈妈，并向妈妈诉苦，自己不想变成一个小偷，但是又怕朋友嘲笑他胆小。

小景的妈妈获得了小景的信任，并且在他遇到同伴压力的时候，会向妈妈求助。当孩子在朋友的怂恿下将要去做不好的事情的时候，家长需要有技术性的干预，不要控制孩子、不要强迫孩子、不要对对方人身攻击等。家长要解决的不是"坏朋友"，而是帮孩子想到一个面对复杂同伴压力的问题解决方法。成功帮孩子应对压力局面后。比如小景妈妈就跟小景说："你可以说，我也很想跟你们一起去上网，但是爸爸妈妈都不用现金，我拿不到钱。"孩子会感受到："既不用得罪别人，又可以不做讨厌的事情。这个方法真好，我的父母太好了！"日后孩子再有压力时，就会主动请教父母了。

工具

工具名称：家庭戏剧

使用目的：提高沟通能力、共情力，学习换位思考。

使用方法：家长和孩子一起来互换角色，表演三个日常生活中常见的情境，模仿对方的行为和语言。

作业

情境假设

跟孩子一起讨论：假设孩子的一位调皮的朋友唆使你往班主任的水杯里面装一个虫子，孩子不想做，但不得不做了这件事。家长要怎么样帮助孩子去解决这个同伴压力问题？如果孩子主动跟家长说起这件事，家长怎么回复孩子？

第4节 亲密关系：如何看待和处理早恋问题？

案例

> 小雪的妈妈最近很焦虑，原先朴实乖巧的女儿，最近开始关注起了穿着打扮，有一次妈妈甚至发现女儿在偷偷用自己的化妆品。小雪一有空就缩在角落里和人QQ聊天，聊得春风满面的，妈妈几次试图偷看女儿在和谁聊天，都被女儿机警地躲过去了。妈妈觉得女儿"有情况了"，但是没有找到真实的证据。

案例中小雪妈妈觉得小雪"有情况"，直白来说，就是觉得小雪早恋了。现在很多开明的父母对孩子早恋保持着观望的态度。当然反对孩子早恋的父母依然是社会主流。我曾经在一次针对青少年儿童父母的讲座中，做了一个随机调查：假设你的孩子早恋了，但是两个人在一起是互相督促学习，彼此把对方照顾得很好，并且不越雷池一步，这样的情况，你同意孩子早恋吗？结果在场的95%的父母，都投了赞成票。

所以反对早恋的父母真的是害怕早恋吗？其实不是。父母害怕的是早恋对孩子带来的负面影响。

那早恋的负面影响会有哪些呢？最让父母尤其是女孩子父

母害怕的，当然是孩子们过早发生性体验，导致怀孕等难以收拾的后果。青春期的孩子们性发育逐渐成熟，受到荷尔蒙的驱动，对性的探索欲望增强，由于冲动确实容易跨过禁区，又由于缺乏对性的科学认识，大部分偷尝禁果的孩子没有避孕这一类的自我保护意识，自然可能导致严重的后果。

早恋让父母担心的第二个方面就是分心。青少年儿童沉溺于"谈情说爱"时，所有的关注点都会在亲密关系上，对于学习等其他被认为是他们主业的事情的关注度自然会下降，这也就是早恋的孩子大多数都会学习成绩下降的原因。

第三个让父母忧虑的是早恋的孩子极易经历情感的痛苦和创伤。青春期的孩子彼此心智都尚未成熟，恋爱中除开体验到甜蜜的陪伴以外不可避免的也要经历因为不能理解彼此的心理需求而产生的矛盾。大部分的孩子由于青春期本身的情绪不稳定状态同时又缺乏人生阅历，这使得他们大多数人并不具备处理亲密关系冲突的技巧和能力。往往今天还好好的，明天就反目成仇。所以早恋中的他们，经常体验着犹如过山车般的情绪变化。这对于孩子来说也是极其沉重的甜蜜负担。

所以，我也确实能理解为什么大部分家长谈早恋色变。那么作为家长应该怎么帮助有早恋倾向或者已经处在早恋状态的孩子呢？

首先，家长要意识到亲密关系是极其私密的事情，很多家长试图探听，窥视孩子的亲密关系状态往往会激怒孩子。小苗的妈妈偷看了女儿的QQ聊天记录，知道班级里有个男生对小苗有好感，正在追求她，小苗还没有答应。看完聊天记录的小苗妈妈大发雷霆，警告小苗不要再和男生来往，并没收了小苗的手机。殊不知妈妈鲁莽的行为反而激发了小苗的逆反心，小苗选择答应了男生的交往请求。

　　家长希望掌握儿女的情感动态是非常正常的，但是青春期的孩子出于独立的需求非常注重自己的隐私。所以家长如果期待了解孩子的情感状态，最好的方式是在轻松，信任的亲子关系的基础上，审慎的好奇及关注。如果孩子认知到家长的态度是开明的有弹性的，孩子大概率在遇到情感困惑的时候愿意寻求父母的意见。

　　青春期的孩子谈恋爱还有一种心态是为了获得关注。他们非常渴望获取认同。但是同时又希望父母不要干预，对于父母的关注和关心常常退避三舍。他们好像刺猬一样，一边用尖刺把父母逼开，一边又舔着软软的肚皮，嘟囔着"没人关心我"。这时候一个异性朋友的出现，就完全满足了青少年既需要紧密的关注与高度的认同，又不愿接受这些来自于父母的干预需求。当然一个非常亲密的朋友也在某种程度上承担起这样的角色。如果家长不希望孩子早恋，最好帮孩子提升社交技能，让他能多交几个好朋友。

　　另外，谈恋爱也很符合青少年人格发展过程中想要"独特的自我"以及满足"假想观众"的要求。有什么比一段背着父母的，违反校规的青春爱情故事更跌宕起伏，更戏剧化呢？所以，如果希望孩子不要早恋。家长不妨找一些更酷的更扣人心弦的事物去分散孩子的注意力。

以上建议和分析都是建立在孩子的早恋尚未开始的时候。当然如果孩子真的已经在一段亲密关系中,不建议家长直接"棒打鸳鸯"。要知道堵不如疏。共同的"敌人"(父母的反对)只会让早恋双方之间的关系产生罗密欧和朱丽叶效应,让双方关系更加紧密。这样的恋情往往会转入地下而不是如父母所预期的分开。父母真正应该做的:

1. 理解青春期的孩子产生对彼此的好感是极为正常的。

2. 轻松但认真和孩子谈论他的感情状态,表达父母对于这段感情的理解及关心。并告知孩子,如果感情中遇到了问题,可以随时寻求父母的帮助。

3. 引导孩子为感情画下红线,明确反对未成年性行为的立场。给孩子进行科学的适当的性知识教育。

4. 鼓励孩子们在亲密关系中树立双方更长远的目标,为了长远在一起,而一起奋斗努力。

5. 孩子如果受到了感情伤害,要避免讳疾忌医。应该及时寻找专业人士对孩子的情感创伤做干预。

工具

恋爱十问

如果孩子真的早恋了,不妨请她认真回答这十个问题:

1. 你喜欢他什么?

2. 他喜欢你什么?

3. 你对他有多了解?
4. 他对你有多了解?
5. 你们在亲密行为上进展到什么程度?
6. 你们打算进展到什么程度?
7. 你们有没有未来长远规划?是什么?
8. 你们愿意为这个规划付出什么努力?
9. 你们对恋爱中的冲突是否有预期?
10. 你们有什么解决冲突的办法。

作业

和孩子认真讨论十问的答案并提供父母应该给予的指导、帮助、要求。

第四章
如何帮助
孩子处理社会竞争

第1节　争强好胜的孩子

案例 争输赢的孩子

> 阿圣和阿飞争执各个方面谁更厉害，一开始比较的是身高，后来比较跳绳，再后来比谁唱歌更好听，争得面红耳赤，最后打了起来。

小朋友之间的攀比和竞争，往往刚开始会很平和，孩子们看起来也十分可爱，但是越到后来往往境况就会恶化，明明一小时前还是闺蜜或兄弟，结果两人却对彼此说："我再也不想跟你玩了！"大人们看到这样的情形哭笑不得，但友情浓度急转直下，这对孩子来说并不是闹着玩的，孩子会一边愤怒不已，一边又感到十分伤心。

独生子女在家中很少会有需要比较的情况，但是多胎子女会经常面对竞争。在学校里每天也都有许多竞争机会，如各式各样的比赛、成绩的排名、班级的职务、老师的表扬，甚至是扫地的速度都会成为孩子之间用来比较的项目。孩子非常热衷于互相比较，而且谁都不愿意认输。

▎我的心上有一座山

争强好胜并不是一件坏事情，但是过度的争强好胜会让孩子出现一些不好的表现。比如说，处在争强好胜心理下的孩子十分容易撒谎，比如当互相比较时，明明家里没有的东西、荣誉，明明自己没有的特征，为了不输而硬生生地编造出来。我在一次与孩子们共读绘本的课堂上，问道："你们中有谁去过四川看大熊猫？"有些小朋友回答没有，有些小朋友回答有，其中有一位孩子很明显是在撒谎，他说："我在家里养了一只大熊猫"。之后我又问了一个问题："大家有没有见过北极熊呢？"，有些小朋友说："在动物园看到过！"，这个说自己在家里养了大熊猫的小朋友就强调说他是去北极看到的。这位小朋友之所以一再撒谎，是因为希望脱颖而出，显得比别人都厉害。担心如果自己说了自己没有，就会被不喜欢、不认可。通过撒谎让自己在别人眼中的形象更高大，这显然不是一个特别健康的行为。

争抢好胜的心理会激发孩子的愤怒情绪，可能会养成孩子爱抱怨、爱指责的习惯。比如比赛输了以后，孩子指着其他小朋友说："你们是在作弊！你们根本就一点都不厉害！"伴随着语言攻击还可能会大吵大闹。如果家长不加制止或是顺着孩子来说，孩子就会变得迷恋指责，稍不顺心意就抱怨，不愿从自身找原因，不能正视自己。愤怒的情绪带有传染性，如果孩子经常因为愤怒而攻击、指责他人，那么家庭关系也会受到影响。

小朋友的许多攻击行为是因为争强好胜而产生。言语攻击和身体攻击都会发生。比如说，小朋友比赛输了，就把赢了自己的对手推倒在地，甚至恶语相向。孩子的内心无法接受失败的挫折，就通过攻击他人、攻击环境的方式来平衡。

还有一些小朋友的争强好胜会表现出缺乏同情心。当自己赢了，对方输了时，孩子会对对方表示不屑一顾，对弱势的孩子表示轻视，甚至嘲讽对方。比如说，在课堂中有说话较为结巴的孩子举手发言时，争强好胜的小朋友会大声地指责那个小朋友："你不会说就坐下！"或者说："老师，他说的不对，听我的！"这样的语言和行为对其他小朋友是十分不尊重的，因为自己的能力充足而在竞争中沾沾自喜、嘲讽他人的孩子在班级中并不会被其他同学喜欢。缺乏同情心和尊重他人会十分影响孩子的社交。

孩子担忧自己的人生因为一场比赛输了而一落千丈，其他人也不会再喜欢自己，或是考试考得不如同桌就十分绝望。再也不愿看到同桌、不能再跟同桌愉快地交流和玩耍。许多电影中的反派都是先经历竞争失败，接着沮丧到极点，然后开始报复他人。孩子如果无法良好地解决自己心态上的不平衡，也很可能会产生嫉妒心理，对他人充满敌意。

第2节 如何帮助孩子处理嫉妒？

案例 嫉妒是一个深渊

> 贝贝在学校组织的一场自己擅长的跳绳比赛中没有拿到前三名，看到得奖的同学受到老师的表扬，贝贝既愤怒又沮丧，之后经常不由自主地说她们的坏话，不久后贝贝因此遭到了老师的严厉批评。

案例分析：

贝贝的妈妈非常喜欢带贝贝参加比赛。贝贝的外表美丽，成绩优秀，比赛很少有输的情况。贝贝的妈妈非常骄傲，逢人便拿贝贝比较一番。因此，贝贝自认为高人一等，在各方面都不容许其他同学超过自己，也特别希望能得到老师的肯定。因此，在看到其他同学获奖时，争强好胜的贝贝心态立刻失衡了，产生了明显的嫉妒情绪。

嫉妒是非常普遍又非常负面的一种情绪，是在竞争当中或在比赛的过程中针对别人比自己优秀的方面，产生的负面的情绪。戏剧家莎士比亚在《奥赛罗》里感慨："您要留心嫉妒啊！那是一个绿眼的妖魔，谁做了它的牺牲，就要受它的玩弄。"嫉妒非常可怕，嫉妒者往往看起来自信，实则内心自卑，比如《三国演义》中的周瑜，因嫉妒诸葛亮而又无法超越他，发出了"既生瑜，何生亮"的感叹，最后气绝而亡。

嫉妒者害怕输给别人，容易产生强烈的挫败感、失落感，不知如何化解，最后可能会采用偏激的手段。比如格林童话《白雪公主》里的王后，因嫉妒白雪公主的魅力，千方百计地虐待白雪公主。如果孩子经常有嫉妒的情绪，对孩子的负面影响是不可估计的。一方面，嫉妒会直接影响孩子的情绪和积极奋进的精神，容易使孩子产生偏见。在某种程度上说，嫉妒是与偏见相伴而生、相伴而长的。嫉妒程度有多大，偏见也就有多大。偏见不仅仅出自一种无知，还出自某种程度的人格缺陷。其次，嫉妒会影响孩子的人际关系。荀况曾经说："士有妒友，则贤交不亲；君有妒臣，则贤人不至"。嫉妒是人际交往中的心理障碍，它会限制孩子的交往范围，压抑他的交往热情，一旦家长处理不好孩子在竞争中产生的嫉妒心理，那么甚至会严重影响孩子的身心健康。

家长要帮助孩子把嫉妒变成自己行动的动力。嫉妒包含了孩子内心的渴望和真正的需求。因此，可以说嫉妒能让孩子们看清自己的本心，发现自己的需求。

孩子的生活中避免不了竞争，如果孩子过度的争强好胜，缺乏一个正确的竞争观，对孩子的内心发展十分不利。家长需要帮助孩子传递一个正确的竞争观，让孩子避免过度的争强好胜。良好的竞争观念可以让孩子振奋精神，有动力去追求目标、提升自己的能力、创造价值。处理不好竞争关系就可能会挫伤孩子的积极性，让孩子惧怕竞争，或是过度追求结果，影响孩子的人际关系。

成人社会的竞争是排他性的竞争，人们有一种胜者王侯败者寇的心态，这就是一个非常有误导性的竞争观念。如果这种观念传递给孩子，孩子就肯定会害怕失败，就可能为了赢得竞争而丧失同情心，为了赢不择手段。其实孩子生活中的竞争并不需要很强的排他性，通常都是互惠共赢的竞争类型，不需要过度地争输赢，这不仅没有必要，还会给孩子带来很大的心理压力，长期纠结于输赢的孩子心中就如同压了一座小山。

人们都说："友谊第一，比赛第二"，比赛的输赢不该成为最重要的。这也是为什么许多孩子非常重视成绩，有一些孩子在班级中排名居中但是仍然很快乐，能够正常地社交和听讲。但有很多孩子排名靠前却压力大到考前焦虑，这和家长在竞争观念上的培养有着必然的联系。学生在学校中的学习和成长并不具有排他性，并不是小明考得好，小红就不能考好，同学之间是可以共同进步的关系。目前，人们倾向的比较方式是自己跟过去的自己相比、"昨天的我"与"今天的我"相比。这种竞争的观念能增强孩子的成长性思维。不需要与他人相比也就减少了对他人的嫉妒。压力降低后，孩子对他人的排斥、敌意自然会减小很多，更不需要做出出风头和撒谎等行为。

家长要避免在孩子的面前强调刻板印象。许多孩子受家长的影响，经常对他人固守着刻板印象，因此当一个原本看起来柔弱的人变得强大，争强好胜的孩子就会不能接受这个转变。

孩子需要学会多元地看待他人，明白一个道理：每个人都有很多个方面，一个人长得丑，但是也许唱歌很好听，而不是当一个人长得丑便一无是处，没有任何优点。单方面地评判一个人是不对的。

另外，孩子还需要用发展的眼光去看待他人。当孩子对另一个小朋友的印象是：他学习不好，不认真听讲。这个印象只是对于过去那个时间段。士别三日，当刮目相看。如果不能接受这一点，就无法接受别人的长处，也就会产生嫉妒心理。

有些家长会犯一个严重错误，就是老拿孩子弱点与别人的强项相比。本身被拿来比较这个行为对孩子的伤害就很大。而拿自己的弱点与别人的强项相比，更是让孩子没有翻身的余地。这样不利于培养亲子关系，也会让孩子产生很大的压力，容易嫉妒他人。试问，家长希望自己的孩子拿自己和其他父母相比较吗？参考下面一个对话，家长扎不扎心。

家长：你如果有隔壁小蓝一半努力，我就不用再为你的成绩担心了。

孩子：那如果你和小蓝爸爸一样有钱，我就可以每天上一对一私教课，我也再也不用为自己的成绩担心了。

嫉妒是通过比较而来的。要知道，每个孩子的性格，脾气都不一样，如果一直这样比下去，孩子就永远只能跟着别人的步伐，成为别人的影子。但没有人愿意活在别人的阴影下。因此，家长可以换一种方法，比如帮助孩子提升自己。有些孩子看到别人取得成绩，就嫉妒不满，说坏话贬低他，那么长此以往，孩子就很可能就会慢慢地成为那种"一无是处的小人"。家长要做的应该是帮助孩子学习别人的长处，提升孩子，只有这样，孩子才能获得更好的生活。

▶ **嫉妒来临时，首先要帮助孩子选择正视和接受。大部分烦恼其实都是孩子自己和对事物的理解度不够。嫉妒也是一样，只有理解它产生的机制，才能帮助孩子从根本上控制和利用它。**

当孩子对家长表达自己这次考试没有考过小红很沮丧时，家长可以说："你考的比上次有进步，妈妈看到了你的努力。你们两个考得都很好，都很棒！"这时如果孩子说："小红她平时都不认真听讲，也不写作业，竟然还能比我考得好。"家长要看到孩子抱怨之下的嫉妒心理，引导孩子正向思考，家长可以说："如果真是这样，那说明小红十分聪明呀！也许她考试前有偷偷地努力了，或者是她的学习方法很实用，我们可以找时间向她请教一下！"这样就能让孩子意识到自己的嫉妒情绪，并把攻击外界的、抱怨的心态逐渐转变成认可他人的、积极学习的心态。

人生不可能是一帆风顺的，必然会有面对失败的情况。当孩子失败后，家长需要对孩子展示出一定的同理心，让孩子感受到被宽容、被包容、被原谅。当孩子攻击他人时，引导孩子换位思考，想象对方的感受，想象自己被言语伤害后的伤心、被肢体攻击后的疼痛，让孩子对对方产生同情心。被孩子嘲讽的同学，家长要引导孩子看到对方的优点所在，让孩子学会看到对方的长处，而不是只盯着对方的短处。对其他孩子宽容的同时，孩子也需要对自己宽容。有一句话叫："上帝给你关上一扇门时，也开了一扇窗。"每个人都有优点和缺点。接纳自己的缺点，发挥长处，接受自己有犯错的时候，这样才能有一个平衡的心理来应对失败。

如果孩子各个方面都不如别人，那么必然会在竞争中感到沮丧。如果孩子有至少一个方面的优势，面对失败时内心就更容易平衡。家长可以着重培养孩子的能力。让孩子更多地关注自身自尊心和自信心的提高，当孩子对自己有足够的自尊，就不会受他人成功或失败的影响。

老子在《道德经》中说："上善若水，水利万物而不争"。不争是智慧的表现，是心态稳定的表现。如果孩子面对竞争能如水一般，既能波涛汹涌，又能水平如镜，那么孩子就不会被嫉妒的深渊吞噬。

工具

使用方法：当孩子沉浸在嫉妒情绪中时，引导孩子用一张A4纸写下来对被嫉妒者的感受，写出自己对对方感到不舒服的地方有哪些、对方的优点有哪些，自己的优点有哪些。列出以后，反思自己的想法是不是正确的。最后引导孩子不要与对方相比较，如果羡慕对方的优点，可以提高自己。

我嫉妒的人	我对她的感受	她的哪些地方让我不舒服	她有哪些优点	我有哪些优点

作业

夸夸我的好伙伴：询问孩子印象深刻的同学或朋友的名字，然后让孩子说出他们的优点有哪些。

模块三

儿童意志行为能力

第一章
如何减少孩子的侵犯与攻击行为

案例 如何减少孩子的侵犯与攻击行为

> 里里：7岁
>
> 咨询师："里里常常因为一点小事与同学发生冲突，甚至对同学拳脚相加。当看到同学有好玩的玩具，他立刻就要同学拿给他玩，遇到喜欢的东西伸手便拿，甚至随意地破坏。里里的家长在多次管教无效后找到我，希望寻求专业帮助。"

里里在日常生活中表现出了较强的攻击性和侵犯行为，让家长、老师和同学十分困扰。里里的家长每次被叫到学校后，都会第一时间批评甚至打骂里里，以此来表达对孩子行为的不满和对其他孩子的歉意。家长希望能用这种方式约束里里的行为，但是里里的攻击性反而越来越强。这是因为里里的家长并不了解孩子的攻击行为产生的原因。行为是心理的外显，通过行为可以判断孩子的内心状态。

模块三　儿童意志行为能力

侵犯行为也可以被称为攻击性行为。攻击性行为是指个体对他人做出的对方不愿接受的、有目的的伤害行为。这种有意伤害包括直接的身体伤害、语言伤害和间接的心理上的伤害。像背后说坏话、造谣诬蔑等都是攻击性行为。有伤害他人的意图但未造成后果的攻击性行为也属于攻击行为，但是当孩子们玩耍时，无敌意的推拉动作是不属于攻击行为的范围内的。判断孩子是否在进行攻击性行为时首先要判断孩子是否是故意的。

▶ 小小美猴王

在生理层面上，孩子的整体身体特征是产生攻击性行为的一个重要因素。生物学上对此有一个术语叫作"犯罪基因"。如果孩子身形高大、强壮，在攻击行为上，孩子就更具有优势，能从肢体斗争的胜利上获得骄傲感。多数男性的染色体是XY型，女性是XX型。但有一种基因比较特殊，是XYY型，又称"超雄综合征"。这类基因多了一个Y染色体，这使得这类型的人比起常人有更强的睾酮素的分泌，也有更为明显的雄性特征，这就意味着更强的攻击性。但这类型的人较少，男性新生婴儿中的发病率是1/500。所以，大多数孩子出现攻击性行为的原因不在基因问题上。

从行为模仿的角度来说，父母的错误示范是导致孩子攻击性增强的另一原因。其实不论孩子犯了何种过错，父母动手打孩子都是一个负面影响远大于收益的手段。引导孩子不使用暴力的最佳方法就是父母以身作则，不用暴力来控制孩子的行为。

父母之间发生矛盾时也不应动手,也许父母不觉得自己很疼,但孩子会因此学会攻击行为。

关于模仿对于孩子攻击性行为产生的影响,还得提到一个学习效应。比如动画片或者电视剧里,坏人一般最后都会被好人打败,受到惩罚。那么小朋友通过观察坏人受到的惩罚也会学习到,不要做坏事情。

但是有些动画片在引导孩子方面做得并不太好。目前市面上有很多动画片会让孩子们在悄无声息中受到错误的影响。我给一位4岁的小朋友做咨询。为了对孩子有更深入的了解,我引导孩子通过沙盘呈现内心。(沙盘游戏治疗是目前国际上很流行的心理治疗方法。沙盘游戏治疗可以为儿童提供一个"自由与受保护"的空间,在沙盘中,可以通过象征、隐喻的形式,不仅可以再现出与创伤经历相关的情景,还可以帮助发现行为问题,同时也可以宣泄出心中积累的复杂情感,从而达到治疗的目的。)孩子在沙盘中使用到了一个锅形的沙具。这个小朋友一边玩耍,一边拍打它,发出啪啪的响声。在与其聊天的过程中,我得知孩子是《喜羊羊和灰太狼》的死忠粉。在这个孩子的脑海中,对锅的看法就来源于红太狼拿起平底锅击打灰太狼的场景。动画片中,灰太狼对羊群的暴力行为是有呈现灰太狼受到的惩罚的,但是红太狼打灰太狼的这一行为,动画片里却未曾暗示孩子这样的行为也将受到惩罚。对于一个4岁的小孩来说,经常看到红太狼这样做,觉得很搞笑,也会跟着模仿。因此,如果媒体的受众中有孩子这一群体,就需要在放映过程中突出强调施暴者受到的惩罚。

家长都是爱孩子的，但是为什么许多家长会忍不住打孩子呢？为什么常常被家长打的孩子容易欺负同学呢？这其中的影响心理可以用一个心理学效应来解释，它叫作"踢猫效应"。踢猫效应是指人们容易对弱于自己或者等级低于自己的对象发泄不满，因此而产生的连锁反应。在家庭生活中，繁忙的工作、复杂的人际关系以及琐碎的家务事，常常把巨大的压力加之于家长身上。因此，大人在不顺心时，似乎孩子犯错的次数更多、程度更严重，家长就更加的生气，于是粗暴地教育孩子。而孩子在被父母打了骂之后，心情不好，越看家中的猫越不顺眼，于是对猫咪发泄自己的情绪，这样每一级强者都向比自己更弱的一级发泄，就形成了连锁反应。可以看出，这个效应的起效是因为地位的不平等。如果家长跟孩子的关系更加平等，家长就不会轻易地对孩子发泄情绪。

嫉妒和愤怒情绪容易激发孩子的侵犯行为。这两种情绪的产生往往是因为孩子在社交中无法用积极正面的心态应对竞争。许多时候，孩子攻击别人是为了保护自己。当孩子感受到外界强烈的敌意时，在竞争中产生了被威胁感，这是许多孩子先发动侵犯和攻击行为的心理动机。父母处理情绪的方式也在潜移默化影响孩子，如果父母性格温和，那么孩子也能形成沉稳积极的性格；但如果父母经常在家暴怒发脾气，孩子的性格也会变得更极端，更容易产生攻击行为。

不论攻击者还是被攻击者，在攻击事件发生后都不会开心。

一方面，被攻击者受到身体和精神的双重伤害，可能使其变得非常的自卑并产生厌学情绪，情况严重的话可能会无法正常与人交流，留存为童年阴影。攻击者会受到批评、打骂和社交上的疏离，可能造成性格上的孤僻、对暴力产生依赖，甚至会逐渐把攻击行为演化为严重的犯罪行为，影响其一生的发展。孩子不会无缘无故地喜爱攻击他人，之所以出现攻击性行为，与后天的教育及生活环境有一定的关系。父母是孩子的第一任老师，父母的言行举止是孩子模仿的主要来源，所以在和孩子的相处过程中，家长朋友们一定要注意自己的言行，如果孩子犯了错误，一定要耐心地帮孩子指正，帮助他们培养出正确的人生观和道德观，减少攻击行为的源头。

▶ 戴上紧箍咒？

当孩子出现攻击性行为后，家长第一时间、不分青红皂白地下结论是愚蠢的，在众人面前让孩子难堪也是可能造成严重后果的行为。当孩子在打闹时，家长还应该确定一个合适的插手时间，推推搡搡不会引起伤害，不需要大人进行干涉。不必要的插手只会剥夺孩子获取宝贵社交经验的机会。在这种无害的推搡中，儿童通过亲身体验来学习处理人际关系，探索社交的边界，最终与他人和平相处。

家长可以示范给孩子如何协商和谦让。如果矛盾升级到身体伤害级别，如咬人、掐人等，明显有人会受到伤害时，家长应该立刻介入并制止，但不要先大声呵斥攻击者，要先安慰受伤的孩子。如果自己的孩子是攻击者，家长要先吸引孩子的注意力，把孩子带到一边。接着冷静地跟孩子解释，让孩子知道攻击行为是不能被接受的。当孩子再次攻击他人后，家长要发出警告，并且要说话算数。最后，不要偏袒任何一方。有些家长会在冲突中偏袒自己的孩子、有些家长则只顾为对方小朋友说话。还有一些家长要一直追问谁错谁对、谁先动手的问题。虽然可能出于好心，但是这些举动却不恰当。袒护任何一方都是不公平的，也没有必要追究。介入孩子之间的矛盾中时，家长应该做一个和解使者，而不是法官或陪审团。谁先动的手不重要，重要的是制止这场冲突，化解孩子心中的负面情绪。

　　心理学中有一个常用的教育方法叫作"阳性强化法"，即看到孩子的正面行为并激励正面行为发生，而对于负面行为，则采取忽视的策略，直到负面行为逐渐消失。例如，孩子爱给他人起外号，则起外号是需要被解决的负面行为。当孩子给人起外号时，如果周围的人发笑或者生气，实则是使孩子获得了关注和反馈，说不定有些孩子还会因此洋洋得意，这就强化了侵犯行为，因为关注让孩子产生了成就感。所以，一旦确定了一个行为是需要被减少的负面行为，家长就要尽可能地减少这种行为被强化的次数。对于攻击行为，家长可以在平时多寻找孩子尊重他人的行为、对他人友善的时刻，并立刻进行夸奖，让孩子在优点上获得更多的成就感。对孩子的捣乱和侵犯行为，将孩子迅速带离现场，但并不因此给予过分强烈的刺激和反馈。将孩子放在单独的房间中，让其自行冷静或反省。通过奖励好

行为，忽视坏行为，这个负面行为慢慢就会减少。阳性强化法的主要方式不是告诉孩子不能做哪些负面的行为，而是让孩子知道可以做哪些正向的行为。

　　奖励是改变孩子行为问题的好办法。孩子愿意管理情绪、自己穿衣、分享玩具以及做家务，是因为孩子知道通过这些活动可以获得父母和他人的注意、赞扬和奖励。作为父母应该时常奖励孩子的良好行为。奖励在教育中被称为强化物，因为它们会不断强化孩子的行为。为了使奖励更有效，家长需要表扬孩子具体的行为，而不是笼统地表扬孩子本身。当孩子对其他小朋友亲和时，家长可以进行描述性地表扬："你跟这位小朋友看起来关系很好，你很温柔，这样非常好！"。奖励的时效性也很重要，奖励必须在孩子表现出良好行为后立即给予，而不是在一两个小时后或一两天后才说。这就需要家长多关注孩子的行为，勤于观察，敢于支持孩子。家长有时可能过于着急，想要先给予奖励，希望能激发孩子的良好行为，把顺序调换了。这样可能会让孩子为了完成"任务"、获得奖励而去做行为，这并不是最理想的状态。

　　在一些特殊情况下，家长可以适当对孩子进行惩罚。关于惩罚，老一辈人通常因为宠溺孩子而阻拦说："他还只是个孩子，知道什么？"于是，当孩子犯错时睁一只眼、闭一只眼。并没有道歉，也不知道攻击后会产生什么后果，下一次出现类似情况时，孩子就还会做出攻击性的行为。可能会导致孩子严重攻击其他小朋友，却不知道自己错了的情况。惩罚并不是为了让孩子产生畏惧，粗暴的打骂更是无法解决问题。在惩罚前，家长首先要明白惩罚的目的是为了让孩子承担责任、明白犯错的后果，进行自我反思，减少不良行为发生的次数。孩子被打以后，可能会出现情绪崩溃。那么家长需要做好后期的安抚和教育的工作。

有一种惩罚孩子常用的方法，叫作"暂停法"。即当孩子情绪失控而或做出攻击性行为时，家长把孩子关到房间里，根据孩子的年龄来选择禁闭的时长。对于一些特殊情况可以对这种方法稍加改进，比如孩子在禁闭期间依旧自得其乐，可以再对孩子进行罚坐，在禁闭期间家长不与孩子有任何形式的交流。这个方法对家长来说是一个极大的挑战，因为有些孩子在比较冲动的情况下，会反复挑战家长的权威，结果导致惩罚时间变长，惩罚无法按照原设定实施。因此，我觉得，关禁闭的方法要在孩子能够服从的前提下实施。当孩子十分暴躁的时候，家长可以跟孩子说："等我们冷静一下，再来谈这个问题。"一定要避免跟孩子辩论，一旦陷入跟孩子的辩论当中，惩罚就会变得没有效果。还有一些孩子在被关禁闭时，愤怒情绪仍在继续，经常会摔东西、把家里的物品到处乱扔。这时，家长可以要求孩子把所有的玩具放回原位，并且要比之前更整齐，这样才算惩罚结束。规则对于行为约束来说十分重要。对于孩子来说，花很长时间收拾混乱的房间，这是一个较大的惩罚，也是承担自己的行为后果所必要的。惩罚时间结束后，对孩子的教育不能结束，在孩子冷静后对孩子进行安抚，让孩子知道父母并不是不再爱他/她了，只是为了消灭负面的行为，惩罚的目的是帮助孩子调整，让孩子有更好的社交关系。

　　需要家长注意的是，阳性强化法和惩罚法的底层逻辑是完全相反的，混用会导致彼此效力抵消。如果选用了一种方法，请坚持一段时间看看效果。如果效果实在不理想再换另一种方法，千万不要两种方法混用。

工具

　　工具名称：冷静小妙招

　　使用目的：帮助孩子冷静下来、顺利进行亲子沟通。

　　使用方法：在孩子出现攻击行为，愤怒情绪爆发，不能跟父母沟通时，家长可以准备一个透明的、可密封的小瓶子。在瓶子里放入茶叶与热水一起摇晃均匀。引导孩子看向瓶中，询问孩子现在的情绪感受是否如瓶中的茶叶一样纷乱、烦躁。再陪着孩子静静地等待，让孩子看着瓶子里的茶叶慢慢沉淀，再跟孩子进行沟通。

作业

　　家长以孩子为第一人称写一封信，在信中描述"我"跟一个小朋友发生了冲突，在生气后想要攻击对方，但及时控制住了情绪，意识到攻击行为是不对的，并对对方道歉，因此受到了家长的表扬。让孩子朗读一遍这封信。

第二章
如何降低孩子成瘾
行为的负面影响

第1节 资讯成瘾，是快乐还是痛苦？

案例 沉迷网络短视频

> 希希：6岁
>
> 希希妈妈："孩子才六岁大，刷短视频停不下来，我一关掉手机，她就哭得厉害，其他玩具都不玩了，只爱刷短视频。"

▍我保证，只看一小时！

许多家长都对于孩子沉迷短视频这件事困惑不已。在家长的思维中，孩子的年龄很小，根本看不懂短视频中的内容。何况手机屏幕呈现的信息，怎么会比搭积木、玩玩具更好玩呢？

与沉迷短视频类似的表现是：有些孩子会在网络上不停地搜索信息，网页一个接一个地打开，无法自主停下来。这种表现叫作"资讯成瘾",是指孩子沉迷于用网络工具来获取信息的现象。

现在,短视频软件逐渐成为人们休闲娱乐的重要载体,通过短视频孩子可以获得大量的信息。不论成人还是孩子都很难抵制诱惑。一方面是因为短视频可以充分利用人们的碎片化时间,让人们随时获得快乐;另一方面,人们可以使用短视频分享自己的才华和生活,获得别人的点赞、关注,虚荣心得到了满足。为了博眼球、获取利益或是炫耀,还有许多家长把目光投在了自己的孩子身上,给孩子拍摄短视频。短视频实质上就是在争取用最短的时间提供最丰富的信息,因此孩子在短视频的世界中能够获得巨量的、未接触过的信息,会感到非常的新鲜。

网络大量的资讯只需要动动手指就能产生,让孩子产生了极大的易得感。如果采用其他的方式获得信息,孩子需要付出相对较多的时间和精力,有时需要进行重复的操作,当遇到失败时还需要重新来过,比如说乐高玩具一旦有错误的地方,就要拆卸重来。而在短视频的世界,孩子只需要动动手指即可获得来自全世界的、大量的、新鲜的信息,这让孩子一看起手机来根本停不下来。

对个体来说,资讯成瘾对孩子的身体和精神方面有非常多的不良影响。例如,有些孩子一刷起网页或视频,不知不觉就到了凌晨一两点,为了防止被家长责怪,偷偷摸摸地躲在被窝里。在成瘾状态的影响下,孩子的自制力降低,更容易撒谎、打破承诺。对孩子来说,晚上的睡眠期间正是生长发育的最佳时间段，熬夜看手机一方面会影响身体健康，如腱鞘炎、近视眼、颈椎病等，另一方面会影响孩子的学习，没有足够的睡眠，孩子必然在白天十分困倦，学习效率降低，这还会消磨孩子的自律性。长期沉迷短视频会让人忽视自己的创造力和行动力，因为快乐和惊喜可以不断地从视频中获得。孩子也会因此而不愿意出门、不愿意运动，隔一段时间不看手机就会觉得浑身难受。资讯成瘾还会影响家庭关系。很多孩子因为沉迷手机而厌学，为了争夺手机与父母爆发冲突，甚至离家出走。资讯成瘾还会增加孩子的拖延和焦虑。由于无法停下对资讯的成瘾，很多孩子一边拖延，一边为自己的拖延状态感到非常焦虑，而焦虑的情绪会让人不愿改变，又进一步增加拖延的时长。刷手机时孩子会保持长时间的沉默状态，不能与人进行快速、顺畅的语言交流，剥夺了孩子与他人面对面交流的机会，容易让孩子变得怯懦、孤独、偏执。不仅孩子的情绪无法正常释放、无法正常进行社交，还会影响语言功能。

　　孩子在资讯信息的淹没下会降低独立思考和判断的能力。许多网络上的资讯是由碎片化的信息组成的。对于稍大一些的孩子来说，孩子越习惯看这样的资讯，就越不愿去阅读那些系统的文章，不利于结构化思维和逻辑思维的形成。

　　网络给我们带来了大量的资讯，有利的方面是人们可以快速获取自己想要的信息，但不利的方面也很多。许多家长完全不让孩子看手机，这样的坏处是让孩子面对了巨大的同伴压力。当孩子在学校跟同学们沟通时，孩子可能会发现同学们都在讨论最新的时事，而孩子完全不知道他们在说什么，这会影响孩子的社交。

　　工具本身并无好坏，只是看人们如何应用。网络是一把双刃剑，家长应该在把工具给到孩子手上之前，先教会孩子正确地使用。当家长忙碌时，不要为了简单、方便而直接把手机给到孩子，让孩子随意地看。网络上的信息良莠不齐，并不都适合孩子观看。对于孩子要看的内容，家长应该提前进行筛查，把手机当作一个能够对孩子有提升的工具来使用，即有目的的使用。为了防止孩子在看完大量资讯后脑袋空空，家长可以在孩子看完资讯后询问孩子都看了哪些东西，刺激孩子的记忆力，将信息内化为知识。在时间上家长也需要监督孩子，不能让孩子无限制地看下去，每次设定一个主题和时间限制。通过规则的制定，让孩子明白手机的用处，如果没有明确的目的就不能随意使用手机。让孩子用学习的心态去看待资讯。

　　当孩子超过了规则的限定，仍不愿归还手机，或是在手机被拿走后，孩子仍吵着要看时，家长一定要稳住自己的情绪，既不朝孩子发火，也不能向孩子妥协。这时家长可以这样告诉孩子："我知道你很难受，我也知道看手机很快乐，可是娱乐时间有限，我们有约在先，规则必须要执行。"等孩子慢慢冷静下来，脱离手机的难受感会逐渐地消退。

　　家长不一定要用暴力抢夺和大声喝止的方式来阻止孩子玩手机，其实还可以通过向孩子提问、聊孩子感兴趣的话题、吸引孩子玩游戏等方式来转移孩子在手机上的注意力。让孩子自然、轻松地脱离对手机的关注。当孩子在生活中十分无聊、没有目标时，很容易投向手机的怀抱，所以家长可以提醒孩子的目的，给孩子提供一些可做的事项，让孩子多一些选择。

不让孩子沉迷于手机，家长需要以身作则。如果家长每天花大量的时间沉浸于手机中，教育孩子时又怎么有效力呢？在培养孩子的同时，家长也要锻炼自己的自制力，给孩子做好榜样，以身作则。家长可以想象一下，自己想要一个怎样的家庭环境？期望中的孩子是什么样子？期望中的自己是什么样子？相信家长的脑海中并不会是一家人各自沉迷于手机，零交流的状态。所以，克服资讯成瘾需要全家人一起努力，创造一个理想中的家庭。

工具

制作手机使用协议

执行方：爸爸妈妈
可使用手机的场合：
每次使用的时间限制：
超时用手机的惩罚：
坚持履约的奖励：
监督人：宝宝

执行方：宝宝

可使用手机的场合：

每次使用的时间限制：

超时用手机的惩罚：

坚持履约的奖励：

监督人：爸爸妈妈

使用方法：跟孩子协商填写协议，并把这份协议打印出来贴在家中醒目的位置。家长和孩子共同执行。

作业

当孩子在玩手机时，通过转移注意力的方式试着让孩子放下手机。

模块三　儿童意志行为能力

第 2 节　网络成瘾

案例 孩子沉迷网络，不愿意出门

> 小彤妈妈：小彤特别喜欢上网玩游戏，为了玩游戏可以偷藏iPad，晚上不睡觉，偷偷起来打游戏。周末安排家庭出游活动，也不愿意跟我们出门。我们经常为这事吵架，家庭因为孩子闹得鸡飞狗跳，我真是后悔给孩子买电脑。

儿童沉迷网络是很多家长非常困扰的一个问题，因为网络成瘾会对孩子的各个方面造成不良影响，如生理、心理、社交等方面。许多孩子的成绩下降、人际交往能力受阻、身心健康恶化都是拜网络成瘾所赐。一旦孩子存在网络成瘾的问题，家长就需要引起重视。这种问题不容易解决，家长可能会尝试很多方法，运用自己的经验，但是往往不能奏效。处理网瘾问题需要一个较长过程及时间，也需要家长花费大量的精力。

▶ 沉迷网络的表现

网络成瘾的孩子基本上都是在网络上消耗大量时间、金钱和精力，并且乐此不疲。例如，小学生偷了家钱去充值游戏。也有些孩子把大量时间花在网络上，回到家第一件事就是打开电脑，无论父母怎么三催四请也不愿意关掉电脑，一天中大量醒着的时间都在上网。奇怪的是，上网的时候精力充沛，一离开电脑就精神低迷、打不起精神。如果小学生或初中生一天在网络上花4个小时，就有向网络成瘾发展的倾向。

当家长阻止孩子上网时，孩子会有强烈的情绪和行为反应，比如开始哭闹，和家长吵架，抢手机抢电脑，甚至有些孩子会睡不着，神情萎靡，整个人的状态非常糟糕。孩子的负面情绪和行为的产生与是否上网有联系。

家长拒绝让孩子上网，可能会产生一些阶段反应，比如生理系统的一些反应：心跳、呼吸紊乱的状态。过度的沉迷网络，还会产生一种生理上的依赖表现，例如，会不停地点动鼠标，或者在没有上网时手不受控制地做出玩鼠标的动作。

以上几种状况很多家长都能意识到，但是有一种情况可能不能够意识到：很多孩子对网络这个议题很敏感，比如家长询问孩子在网络上做了什么事，孩子会很回避谈这类事情。对网络议题回避沟通和交流也是网络成瘾的一个非常重要的表现。

从日常工作中观察到的网络成瘾的小朋友的表现来看，网络成瘾可以通过几条标准来判断。若在下列标准中全部符合，则必然是网络成瘾；9条标准中符合5条，就达到了成瘾的程度。如果这些表现持续6个月以上，可判断为病理性网络成瘾。

网络成瘾的判断项：

1. 每天上网时间超过4小时；
2. 头脑一直浮现关于网络的相关的事情；

3. 无法抑制的上网冲动；

4. 上网以后能够排除焦虑，原本很焦虑，上网就不焦虑了；

5. 不敢和亲人说明上网的时间；

6. 因为上网影响到人际关系和课业，影响成绩和在学校的表现；

7. 上网时间比自己预期的时间久；

8. 花钱在网络游戏、网络设备或者网络的体验当中；

9. 花更多的时间上网就能够满足孩子的需求。

案例 孩子梦想打电竞

> 小颖妈妈："她的学习成绩不太好，很喜欢玩游戏，也特别的聪明。我想尽各种办法去阻止她玩游戏，但效果都不好。她就说自己的梦想是做一名职业电竞选手。我觉得不现实，但她不肯听，说能赚很多钱。"

许多网络成瘾的孩子都梦想着做电竞选手，而他们往往是在现实生活中成绩不好、面对许多挫折的孩子，因此无比羡慕那些电竞选手。可他们不知道的是，电竞选手的生活并没有他们想象的那么有趣。职业和消遣是不同的。网络世界是虚拟的，对于认知不成熟的孩子来说，十分容易陷进去，被糖纸一般的外表迷惑，不知道自己看到的都是虚拟的幻像。

因为网络世界的虚拟性，很多人把网络当成精神家园。网络世界具有匿名性。每个人都可以使用ID、账号、虚拟名称，在网络上化身天使或恶魔。在网络中人们可以尽情地粉饰伪装自己，不用担心被他人责怪。所以很多人在网络上发表自己平日里不敢说的观点，没有任何的顾忌。我曾经通过几个小来访者见识了各种吐槽父母和老师的群组。在群里面，孩子可以肆无忌惮地表达对老师和家长的不满，里面没有人会来阻止孩子的过激言论。

现在上网很便利，只要拿起手机，就可以上网，无论大人还是小孩，打开手机屏幕就可以随意地下载应用，足不出户即可知晓天下事，这既节约了时间，也节约了金钱。孩子想要查询感兴趣的信息，通过网络就可以立刻查询到；平常和同伴沟通交流甚至是玩耍，也只需要躺在床上，通过一款电子产品就可以达到目的。但是这便利性也让孩子的网络成瘾更加容易。

网络成瘾不是原因而是结果

大多数人会认为网络成瘾是很多问题的原因。但是事实上，网络成瘾是很多问题的结果。处理网络成瘾的问题的时候，不能只针对网络成瘾问题本身去处理。大部分家长只盯着表面，选择没收孩子的电子产品或禁止孩子接触电子产品，似乎这样网络成瘾问题就解决了。但这不是一个理想的方法，有时候反而会起到相反的效果——孩子可能对电子产品产生更大的兴趣，同时会引起孩子的逆反性和攻击性，加剧负面情绪的累积，导致孩子更进一步沉迷在网络当中。

很多原因会导致孩子网络成瘾，网络成瘾又会对孩子产生负面影响和负面的行为表现与情绪。只有了解网络成瘾的原因，才能找到问题解决的方法。

大部分孩子网络成瘾的原因主要出在家庭问题上。比如留守儿童，其父母长期不在身边，只有爷爷、奶奶或是外公、外婆的照顾。他们的父母不在身边，体会不到父母的爱护与关怀，又与爷爷奶奶或者外公外婆有代沟，没有话题可聊，自然而然地就会感到孤独。有科学研究证明：导致网络成瘾第一位的情绪性因素是孤独感。许多别的孩子拥有的东西，自己没有。其他孩子可以有父母的陪伴，自己却没有。孩子为了填补这种孤独和缺失，就会向网络世界去寻找。随着孩子与网络世界的接触越来越深，对网络中的虚拟娱乐和易得的关爱就越来越难以割舍。

负面情绪得不到宣泄也是导致网络成瘾的原因。许多网络成瘾的孩子在描述自己的家庭时，都会提到一点：父母关系差，经常吵架。这会让孩子积累负面情绪。

曾经有一个13岁男生被家长送来咨询，原因是孩子沉迷QQ聊天，并且省下自己的早饭和中饭钱，给网络上认识的好朋友买礼物。家长希望我告诉他的孩子网上和他聊天的那个小女孩是网络骗子。当我深入和男生交流的时候，男生始终无法相信对方是在骗自己钱。因为，对方在他因为父母吵架特别烦闷的时候安慰他，也会在他不断被父母否定被老师批评的时候理解并且赞赏他。他不能接受这样一个善解人意的朋友是骗子。

整个家庭的不和谐氛围，让孩子感到难以承受和面对，产生无力感。所以孩子需要一个情绪发泄口，这时网络就是最好的可逃避的空间。在网络上，孩子不需要复杂的思考，也不需要面对指责的声音。在网络上，自己可以随意地宣泄情绪、说出想法，还可以把一切烦恼抛在脑后，网络世界就像一个世外桃源，不用担心会受到伤害。

家庭教养与孩子网络成瘾有很大的关系。当家长要求过于严厉时，孩子会选择网络来逃避压力、逃避家长的高要求。有位叫米哈伊·森特米哈伊的心理学家将心流定义为一种将个人精神力完全投注在某种活动上的感觉，人在心流状态下会伴随有高度的兴奋及充实感。当人们完全沉浸于某项活动中时，就会丧失时间感。在这种状态下，人们的每一个动作，每一步行动和想法都与前者流畅衔接在一起。这就是孩子沉浸在游戏中的状态，充满了获取感和自主控制感。

过于放任孩子的家庭，孩子心中没有规则，家长也不会限制孩子做什么事情，孩子漫无目的，而游戏会给孩子清晰的目标，让孩子可以轻松地按照游戏设置去做，孩子自然会愿意在网络中消磨时间。过于冷静和过于焦虑对孩子的影响也是同等的道理。一个有着良好教养方式的家庭，培养出的孩子一定具有较为稳定的情绪、较高的自制力水平，对虚拟的奖励和对网络世界的吸引有着更强的抵御能力。

家庭功能也是影响孩子网络成瘾的重要因素。判断一个家庭的家庭功能有这几个维度：解决问题的能力、沟通能力、情感反应能力、情感卷入程度。将网络成瘾的孩子与没有网络成瘾的孩子相比较，会发现网络成瘾的孩子在这四项维度上的分数更低，其家庭在这四项功能上的得分也更低。如果一个家庭不擅长解决问题，家长也就不能很好地解决孩子身上出现的问题，面对问题更倾向于互相指责或者回避的方式来掩盖事实，这会加剧孩子网络成瘾的状况。若家长的沟通能力欠缺，面对问题时无法跟孩子进行适当的交流，容易发生争吵。情感反应能力弱的家庭中，孩子的情绪敏感度也偏低，家长和孩子都不能及时有效地对对方的情感需求做出快速并合适的反应，双方都容易感到失望、孤独。家庭的功能如果有缺失，孩子就更容易网络成瘾。

　　父子关系不好比母子关系不好容易造成孩子网络成瘾。当孩子不能得到父亲认同的时候，尤其是男孩子，其竞争力、能力、心情或者意图都会受到影响。第二个原因是通常父子关系不好的时候，父亲由于身体强壮有力等原因可能会产生暴力行为。不管是言语暴力还是肢体暴力，对孩子来说都是难以承受的，因此，父子关系不好会导致孩子积累负面情绪。第三个重要的原因是父亲在孩子建立规则感的历程中起到了重要作用。如果父子关系不好，孩子的自控力和规则感比较差，更希望破坏父亲设定的规则。这样的孩子非常容易沉浸在暴力的网络游戏中。

　　同伴压力也是影响孩子网络成瘾的一个外部原因。孩子会想"大家都玩，我为什么不能玩？如果我不玩，我不就跟他们脱离了吗？"作为家长，很难把同伴压力完全隔绝在外，孩子要承受的压力其实比家长想象得多很多，这需要家长去了解。家长可以去和其他孩子的家长做沟通，了解孩子同伴们的上网情况，在积累了信息的基础上再规定自己孩子的上网时长，让孩子知道自己没有被差别对待。

▶ 看到坚硬外壳后的无助

　　网络成瘾不能全归结于家庭原因，孩子网络成瘾与孩子本身也有关系。内向的孩子会比外向的孩子更容易网络成瘾，这并不是说内向的孩子不好。但整体上来说，外向的孩子对于社交更有兴趣，并且对于很多的线下活动、人与人之间直接的互动会比较有兴趣。内向的孩子比外向的孩子更能静下心来，会比较细心、耐心地去探索网络世界。

　　情绪不稳定的孩子比情绪稳定的孩子更容易网络成瘾。情绪管理能力较差的孩子，产生负面情绪时不知道如何处理，即使没有通过网络宣泄，也会寻找其他的宣泄口。家长们通常会认为孩子是因为上网才变得情绪不稳定，这其实是因果倒置了。孩子的畏难的思维强烈容易网络成瘾。在现实中，孩子遇到难以解决的问题而害怕去面对，认为自己无法解决问题或无法面对困难，从而逃离到网络中。孩子把网络视为避难所，不需要思考现实中的困难，逐渐沉迷于网络中。

　　许多留守儿童容易网络成瘾，因为缺少父母的陪伴和教育，他们的生活比普通孩子更加无聊，也更缺少关爱，因此会将时间和精力投注在网上。对于留守儿童网络成瘾的问题，最简单的方式就是不要让孩子留守，我建议家长，不论多忙都要把孩子带在身边。许多父母为了补偿孩子而给孩子买电子产品，故意让孩子消磨时间，这是对孩子成长不利的做法。如果孩子拥有了电子产品，家长们首先要教孩子如何正确地使用这些工具去帮助自己学习，并且要注意平衡娱乐和学习之间的关系。

每一位家长都不想看到孩子网络成瘾的情况，那么家长就需要在孩子还没有出现成瘾的苗头时就掐断根源，避免以上外在因素对孩子的影响。

如何处理网络沉迷？

对待严重网络成瘾的孩子，心理咨询师会使用专业的方法。网络成瘾筛查量表是专业心理咨询师测量孩子是否有网络成瘾时常用的工具。在测量结果显示孩子有网络成瘾的表现时，咨询师就会采取相应的策略。

心理咨询师治疗网络成瘾的孩子前，会对网络有一个相对开明和正确的认识，这也是与孩子建立关系的一个基础。其次，咨询师会了解孩子来进行网络成瘾咨询的基本形态，如孩子的情绪如何，孩子网络成瘾的原因，等等。如果对孩子的了解不够全面、信息收集得不够完整，很容易得出错误的结论。在处理网络成瘾的过程中，人们很容易把原因归咎于孩子的贪玩、懒惰、不爱学习。但事实上，每个孩子网络成瘾的原因都可能是多种因素的组合，网络成瘾只是孩子应对的一个手段。因此心理咨询师需要收集足够多的信息，从问题的根本原因出发，通过多种方法来改善各个原因，从而解决孩子的网络成瘾问题。家长想要解决孩子的成瘾问题也需要如此。

要解决孩子网络成瘾的问题，父母首先要完善家庭的功能，提高解决问题的能力、提升沟通能力、增强情感反应能力、避免情感的过度卷入，调整好家庭关系。另外，父母可以通过帮助孩子建立基本的人际关系来解决网络成瘾的问题。孩子在网络成瘾后，通常花在社交上的时间会减少许多，在跟同龄人接触可能会出现不适应的表现。如果家长能帮助孩子创造社交环境、鼓励孩子积极地融入环境，在现实中让孩子与他人建立良好的人际关系，这会帮助孩子们降低孤独感，从而有效地降低上瘾的程度。

在解决网络成瘾问题前，家长先需要意识到，要跟孩子站在同一边，这样孩子比较容易接受家长的建议。如果一开始家长就把孩子和网络成瘾划等号，因为厌恶网络成瘾所以对孩子打压、体罚，只会把孩子更加推向网络那边。如果想要解决孩子的网络沉迷问题，首先要理解孩子的上网行为，让孩子降低警惕，愿意和你谈上网这件事情。

▋好奇心，接纳与适当的认可

事实上通过好奇、接纳、积极关注的询问方式完全可以使得孩子敞开心扉跟我交流他沉迷游戏的原因。以下是一段对话摘录：

我：听说你很喜欢玩游戏。

孩子：是啊，怎么啦？（略带挑衅）

我：其实我也挺想好好玩一下游戏的，但是我是一个游戏小白，进到游戏里连东南西北都分不清，很想知道你作为资深游戏玩家，有什么经验分享一下。

孩子：啊，你们女孩子就是方向感不好，你可以借助××（游戏道具名字）呀……（此处略去约300字关于某游戏道具的解说）

我：还有这种道具，我完全不知道耶。你玩得好专业呀。我怎么样能把游戏玩得像你一样好？

孩子：要用脑子。好多人玩游戏都"氪金"，我从来不花很多钱，我从来都是用策略的……（此处省略他讲游戏策略的300字）

我：听起来真的费了不少功夫研究呀。我能感觉到你很认真在对待游戏这件事情。

孩子：那本来就是呀。我对我喜欢的事情就是会很花工夫。而且会尽力研究清楚它里面的所有门道。

我：厉害了。这样的精神用在哪里应该都会把事情办得不错吧。

孩子；那必须的。

我：而且我发现你不光是纯玩，还会使用策略。一般的孩子都不会主动把策略用在玩上。你之前说的那个声东击西的策略你是在哪里学的。

孩子：之前在语文课本上学到了这个成语，语文书里有一个故事是将古代有一个大将怎么用声东击西战术搞定敌人的。

游戏里跟别人干仗的时候，才发现，原来这个战术是这么用的。

我：这真的是学以致用了。那如果你多在语文历史课本上学一些策略，你玩游戏不是会变得更厉害？

孩子：是……吧……（沉默一小会儿）不过我成绩不好，大多数要背要记的东西，我都很快就忘了，脑子不好使。

我：你连玩个游戏都能想到使用策略，怎么会脑子不好使呢。有可能是没有找到好的记忆方法……（后续开始跟孩子讨论提高记忆力的方法）

这个对话的过程，我表现出了对孩子的好奇心和尊重，以及对于他专心投入做某事以及主动使用策略这两件事情的认可。同时把策略的学习和日常学习相链接，引起孩子对学习的兴趣，开启了针对一个因为游戏荒废学习的孩子的学习技能辅导。

树立更高层次的目标

曾经接待过一个 11 岁的来访者，他曾经要求爸妈帮他退学，这样他可以专心打游戏，成为一名专业的电竞选手。摘录部分跟他的对话如下（在此段对话之前，他已经和我说了很多遍他想当电竞选手）：

孩子：我超级想当个电竞选手，超酷的。他们的设备都是最好的，有各种各样最牛的装备，那些神装，简直了……(此处省略夸奖游戏装备的文字）

我：这个工作听起来确实很诱人呀！是只有他们才能有最牛的装备吗？

孩子：是吧。噢，不是。游戏公司的员工肯定也能搞到最牛的装备。他们直接给自己写代码就可以了。

我：那听起来，游戏公司的员工比电竞选手还厉害呀。

孩子：是呀，选手还要靠自己打，他们直接给自己神装就可以了，而且他们还可以自己搞出好多新游戏。

我：那你会想到游戏公司去工作吗？

孩子：可以去吗？

我：就我所知，好像要成年才行。

孩子：只要成年就可以了吗？

我：呃，好像一般的游戏公司都会要求员工有本科学历，可能还要会写代码或者会CG设计以及还要会英语。如果大公司的竞争会更激烈。

孩子：（犹豫）那我应该去不了了……（失落）只会打游戏可以去吗？

我：呃，只会打游戏应该就没办法去开发更有意思的游戏，也没办法写代码给自己神装。

孩子：那我是不是还要学代码呀？听说有点难。画画也不会，就英语还好一点。

我：你先必须留在学校，考完高考，上了大学以后才有机会。

孩子：喔……（沉默）那只能留在学校了……

面对一个沉迷游戏的孩子，沉迷游戏既是他的缺点也是他的优点。当孩子特别执着于某事的时候，这件事情也可以成为他巨大的动力。但是孩子的见识面有限，他们并不一定能把这股力量用在合适的地方，所以家长可以通过巧妙的引导，通过帮助孩子树立更高层次的目标，来引导孩子，渐渐摆脱网络沉迷。

▶ 运动

父母可以通过运动来改善孩子的网络成瘾。很多孩子成绩不好，在学校里没有成就感，就倾向于在网络世界满足自己的成就感，在游戏里耀武扬威，显得自己很厉害，但是一回到现实生活中，很可能面对的是老师的批评和家长的指责。家长要看到孩子内心的需求，帮助孩子建立自信心，让孩子能够在现实中找到自己的存在感和意义感。家长可以根据孩子的性别来选择合适的线下娱乐活动，尤其是运动训练。内啡肽是能够让人感到快乐的神经传导物质，而运动可以让孩子的大脑产生内啡肽。足球、跆拳道或者游泳等项目都可以选择。同时，运动训练等需要肢体动作和身体接触的游戏可以培养孩子的规则感和自控力，逐渐将之运用到网络中，降低对网络的依赖度。

运动可以让孩子回到现实，创造意义，以此来降低网络成瘾的可能性。家长要同孩子一起参与现实中的活动，让孩子们明白网络世界是虚拟的、不是现实的，只有在现实生活中才能获得值得回味的价值感，网络世界中的获得都是虚假的。当孩子体验到在现实中创造意义的成就感，就会更多地参与到现实中来，从而减少网络成瘾。

网络成瘾的孩子还需要调整自控力。有些孩子刚开始可能

模块三　儿童意志行为能力

仅出于某一个原因而沉迷网络，但最终沉迷的结果可以看出孩子已经出现了自控力下降、时间观念变弱的问题。帮助孩子调整自控力、提升时间观念可以使用计时和提醒的方法。有些儿童喜欢玩简单的游戏，家长通常会让孩子玩半个小时。如果家长希望孩子半个小时后不上网，就要给孩子缓冲的时间。首先家长要认真进行计时，在还剩十分钟时提醒一遍，还剩五分钟时再提醒一遍。在还剩三分钟时就等在孩子的身边，防止孩子超出时间。这样的提前通知会让孩子有心理预期，并且能让孩子感受到在心流状态下时间的流逝是多么快。如果孩子真的按时切断网络了，家长要立刻表扬孩子，表扬孩子的守信、守时，让孩子体验到成功的经验，让孩子通过这个过程获得意义感。家长还需要尽快给孩子找到一个可以投放专注力的地方，让孩子缩短因离开网络而感到空虚的时间。

▍家长管控好自己的情绪

　　家长在帮助孩子摆脱网络成瘾的过程中通常会不断地面对失败，有可能那些伤心、沮丧、愤怒的情绪每隔一段时间就反复出现。如果家长没有管控好情绪，对孩子发泄、怒吼甚至说了伤害孩子自尊心的话，那么之前建立起的感情和对孩子积累的正向影响就会功亏一篑。在这条路上，并不只是家长在战斗。家长感到痛苦，孩子自身也十分自责，其实孩子内心渴望自己拥有高度的自尊心、自信心和自控力，但是他们现有的能力无法让他们做到。其实他们和家长一样渴望脱离网瘾、和其他孩子一样被认可、被爱、被理解。但是家长往往只能看到孩子的缺点和坏行为，对孩子除了愤怒就是冷漠。这不仅对孩子摆脱成瘾没有帮助，还会适得其反。

希腊神话故事中有一位英雄大力士叫海格力斯，一天，他走在坎坷的路上，忽然看见脚边有个像袋子一样的东西，十分难看，海格力斯便踩了那东西一脚。谁知那东西不但没被海格力斯一脚踩破，反而膨胀起来，成倍地加大，这激怒了英雄海格力斯。他顺手用一根碗口那么粗的木棒砸向那个怪东西，那个怪东西竟然膨胀到把路也堵死了。海格力斯很生气，但也奈何不了他，于是站在那里研究怎么对付它，这时一位智者走到海格力斯的身边对他说："朋友，你快别动它了，就忘了它，离它远去吧！它的名字叫作'仇恨袋'，如果你不惹它，它就会缩小如当初；如果你侵犯它、攻击它，它就会膨胀起来与你敌对到底。"仇恨就正如海格力斯所遇到的这个袋子一样，开始很小，如果忽略它，慢慢仇恨就会缩小，随着矛盾的化解，它会自然消失；如果与它过不去，加恨于它，与它对着干，它就会加倍地膨胀，甚至毁天灭地。对于网络成瘾的孩子，如果家长用暴力、指责、攻击去跟孩子抗衡，孩子的负面情绪就会如这仇恨袋一般膨胀、加倍增大，亲子关系的破裂程度也会成倍地增加。所以对待孩子一定要有耐心、有毅力，越是温柔地对待孩子，孩子的负面情绪就会越少，也就越有可能听父母的话，按照父母的想法来执行，跟父母一起对抗网络成瘾。

🛠 工具

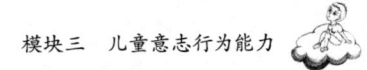

工具名称：娱乐活动清单

使用目的：让孩子多参与除网络之外的活动，增强父母与孩子的关系，从而减少上网的时间、逐渐摆脱网络成瘾。

使用方法：家长与孩子一起参与列出一份娱乐活动清单，包含多人的、现实的娱乐活动，例如游泳、踢足球、打篮球等。随后让家长和孩子选择时间按照列出的娱乐活动清单参与活动。

📖 作业

通过跟孩子愉快地交流，了解孩子会通过网络做什么事情，以及对于网络的感受。

模块四
家庭、亲子关系与儿童心理发展

第一章
家庭亲子
关系概述

第1节 家庭关系与亲子关系

案例 火山是如何喷发的？

> 小羽妈妈：她爸的工作需要长期出差，我俩相依为命，她也很听我话。最近她爸回来了，她变得越来越不听话了。作息也不正常，规矩也不遵守，他爸还允许她吃很多零食。我和他爸爸为了教育她的事情吵架，她总是偏向爸爸，我真的很伤心。平常都是我一个人带她的。她怎么能站他那边呢？我和他爸闹得更凶一点，她就会崩溃摔门，甚至离家出走。然后我和他爸就不吵了，赶紧去找他。

家庭作为一个完整的系统，每一个家庭成员都是系统的一个因子，每一段家庭关系（父亲关系，亲子关系，祖孙关系，兄弟姐妹关系）也都是系统的一部分。孩子是这个系统上最脆弱、力量最弱小的一个因子，就如同火山口，熔岩会从火山口喷发是因为火山口本是火山最脆弱的部分，但火山口并不是导致火山喷发的原因。

小羽的案例中，妈妈希望解决小羽的不听话和情绪失控的问题。但是小羽的偏差行为和负面情绪的根源是家庭成员的互动模式。通过妈妈的叙述，我们试图总结这个家庭的互动模式的表面特征：

1. 父亲长期缺位，母亲含辛茹苦养孩子，孩子对母亲高度依赖。

2. 父亲返家，父亲就教养方式挑战母亲的权威，父母冲突。

3. 父母较劲，并各自拉孩子站队。

4. 孩子偏向父亲，母亲感觉被孤立。

5. 孩子因为父母失和而情绪崩溃，父母为了共同应对孩子的问题，短期休战。

在这个个案中我们能看到家庭的各种扭曲的互动模式。比如：

三角化

这个家庭有严重的三角化问题。夫妻间的纠纷和争吵本身应该是夫妻双方的问题，但是当妈妈要求孩子站在自己这边时，其实就已经把孩子卷入了夫妻关系中，形成了三角化的问题。三角化从家庭治疗的角度是有害的，因为孩子没能力处理夫妻的矛盾，这样的努力只会让孩子充满挫折感和压力。

另外，在一段三角化的关系中，父母是缺乏权威的。由于父母双方都希望和孩子结成联盟，来形成对另外一位家庭成员的话语权，所以此时的父母会不经意间出现讨好孩子的行为。这就是为什么原本妈妈一个人带的时候小羽能遵守规则，爸爸回来反而不能遵守了。爸爸长期缺席女儿的教养，对女儿有愧疚感，又不希望在家里面被孤立，所以在家陪孩子的时候，总是愿意表现出对女儿更多的宽容和放纵。这既挑战了妈妈的教养权威，同时给了孩子一种在爸爸这有空子钻的心态，容易让孩子开始学会讨价还价。进一步降低父母的权威感，增加了教养难度。

纠缠与疏离

纠缠与疏离也是常见的扭曲互动模式。在一个父亲缺位的家庭，母亲和孩子相依为命，为了减少意外的发生，母亲通常会采取控制的方式教养孩子。

我曾经接触过一个案例，妈妈带着11岁的军军来咨询，咨询的主要问题是军军不愿意和同龄人玩耍，在校人际关系不良。在咨询的过程中，我了解到，军军的爸爸长期出差，大多数时间家里只有妈妈和军军，军军和妈妈关系很紧密，像一个小大人一样照顾着妈妈。妈妈也经常会向孩子诉说自己的不容易和痛斥爸爸的不作为。军军特别认同妈妈的痛苦，内心对父亲很排斥。妈妈和军军之间的互动模式就是纠缠，和爸爸的互动模式就是疏离。

纠缠会让孩子的情绪受到纠缠对象的情绪影响，同时在情感上高度依赖纠缠对象，另一方面又抗拒被控制。孩子将陷入矛盾和痛苦，并且影响孩子正常的人际关系。

而对于同性长辈的疏离，会影响孩子形成正确的性别认同和自认同，长远来说对孩子的发展也是不利的。

家庭系统中的个体是普遍联系、位置分明的。彼此之间关系是清晰的，具有明确的权利和义务。每个角色的权利和义务能否实现，代表了这个家庭的功能是否完整。在一个家庭里面，通常认为爸爸妈妈有教育儿童的权利和义务，如果家庭中的爸爸妈妈管不了孩子，就代表着爸爸妈妈的权利丧失，即家庭系统出现了问题。因此，亲子关系的问题不能使用单一、割裂的方式来看待。如果仅仅针对孩子去解决问题，解决过后仍会再次出现。

家庭系统还具有动态平衡发展的特点。在孩子成长的不同阶段，家庭中出现的矛盾、亲子关系面临的主要问题是不一样的，相应的解决策略也会不一样。小羽的妈妈向咨询师表示，在小羽年幼的时候自己付出了许多，那时候爸爸只顾着赚钱，为什么小羽还偏向爸爸？这个困惑产生的原因就是小羽妈妈没有从发展的眼光来看待家庭。

家庭还具有封闭性的特点，不允许外人轻易加入。这个特点能保护家庭成员的隐私，让家庭成为最紧密链接的个体。有许多家长会当着亲戚朋友的面训斥孩子，让孩子觉得特别丢脸，这也是亲子关系恶化的常见原因之一。这个问题的产生就是因为忽略了家庭的封闭性，没有从家庭的角度保护孩子。

案例 互动模式塑造了孩子的样子？

> 小羊妈妈："小羊太懒了，和她爸爸一样。依赖心太重，家务一点都不分担。11岁了，每天晚上都要把她爸爸赶到沙发上去睡。有时候让她爸爸说说她，她爸被她耍赖两下，就教训不下去了。她爸在家什么事情都不管，扫把倒了都不会扶一下，我一说他，他就不吭声。现在孩子也随她，批评孩子，孩子就不吭声也不表态，但是批评完了一切照旧。我很怕孩子变成她爸那样子"

在一个家庭中，互动模式具有互补性。当一个人强势的时候，如果另一个家庭成员也强势，那结果只能是打起来。所以为了达成平衡，家庭结构中，有弱就有强，有控制就有依赖，有苛刻就有回避。当然这种平衡不是健康的平衡。

案例中小羊妈妈抱怨小羊依赖性太强，但是依赖性打哪来的。通常是由于妈妈过度控制来的，让孩子无需思考，也不用自己努力就可以舒舒服服地过小日子。而孩子的依赖离不开人，这又加强了妈妈的控制，这就是互补。当孩子已然出现偏差行为时，我们很难判断，到底是谁做错了第一步。如果要调整，必须两边相向而行，一起努力。妈妈努力控制自己的控制欲，孩子开始学习独立。

模块四 家庭、亲子关系与儿童心理发展

　　同样的道理，爸爸为什么扫把都不扶一下，过分严格的要求和苛刻的批评会让爸爸回避履行责任，爸爸回避履行家庭责任会导致妈妈的焦虑，只能进一步督促和要求。一个赶一个闪，正好互补。要解决这个问题，也是需要两边相向而行，妈妈减少苛责，爸爸学习承担家庭责任，这样的家庭才有可能回复健康的平衡。

▍家庭边界很重要

　　家庭系统中，包含着夫妻关系、亲子关系、祖孙关系和同辈关系。每段关系都是家庭的亚系统。亚系统和亚系统之间，都是既有联系又有明确的边界，这意味着不同系统的权利和义务是明确的。在东亚的家庭体系中，经常会出现一个家庭问题：系统的边界不明确。导致长辈来干预、指挥、行使权力。许多夫妻在做出管教孩子的决定时，会受到孩子爷爷奶奶或外公外婆的干涉。我的一位来访者阿静，在生孩子后，一直无法排解跟婆婆之间的矛盾。她曾讲过这样一个生活中的例子：阿静曾学过育婴的知识，认为婴儿用毛巾包起来对健康不好，丈夫也同意。但是阿静的婆婆非常固执地依照传统将婴儿打包起来，这让夫妻俩很生气，认为婆婆很霸道。婆婆也批评阿静不尊敬长辈，丈夫在中间很无奈。在这个家庭中，阿静的婆婆跨越了亚系统的边界，祖孙系统干涉了夫妻系统的养育职能。

　　管教孩子本应是夫妻系统的责任，如果其他亚系统突破了另一个亚系统的边界，会使得原系统的结构失衡，功能性逐渐下降，夫妻关系、亲子关系都会出现问题。所有关系中最常被跨越的边界就是亲子关系的边界。许多孩子希望维护父母的关系、帮助父母拯救婚姻，实际上自己的生活搞得一团糟，做了很多努力也没有对父母的婚姻有实际的帮助，因为这是父母之间的事情。

　　同辈关系的边界也是需要尊重的。家中有两个以上孩子的父母有时会干涉孩子之间的互动，父母的本意也许是保护其中弱势的一方，或是让孩子之间和谐相处，但父母的干涉极有可能使同辈关系变差，并造成亲子关系恶化。如果在同辈关系中，父母赋予了其中一方特殊的权利，就造成了同辈之间的竞争，打破了这个亚系统的平衡。比如我们的文化中，经常要求大孩子要谦让小孩子，就是父母将大孩子的利益让渡给小孩子，这样的做法，很容易引起兄弟姐妹阋墙。

▋夫妻关系是家庭的顶梁柱

　　虽然家庭系统中有多个亚系统，但夫妻系统是家庭结构的核心。夫妻关系对于维护家庭功能的实现有不可或缺的意义，当夫妻关系出了问题，其他的多种关系就能影响到家庭的稳定。当夫妻关系稳定时，其他的事情就很难影响家庭。

　　曾经接待过一个5岁有极强攻击性的孩子。有一次，他父母惹他生气了，他在我的咨询室门外就直接上手打他父母。父母好声好气劝着孩子不要打了，但是两人都不愿意抬手阻止孩子的攻击行为。我很好奇父母的这种处理方式，于是上前询问，以下摘录我们的对话：

我：为什么不把住他的手，先让他停下来，显然你们劝的话他完全听不进去。

父母：不行，强行让他停下来，他会哭的。

我：哦，你们很害怕他哭？

父母：（面面相觑片刻）也不是。只是家里老人听不得他哭，我们就习惯尽量不惹他哭。

我：老人听到他哭会有什么后果？

父母：我们家是四个老人都和我们两口子住，只要孩子一哭，四个老人就都会被惊动。他们会怪我们对他们的乖孙太凶了。然后我们两对四，对方又是长辈，实在不想跟老人家讲道理，也讲不清，就尽量不把他搞哭了。

这就是夫妻没有成为家庭关系的核心，掌握家庭话语权的结果——无法正常管教自己的孩子导致孩子出现品行问题。

那夫妻如果希望成为家庭关系的核心，要扛住长辈的压力又需要顶住孩子的逆反，这就要求两个人必须齐心合作，同心协力，心往一处想，劲往一处使。如果彼此拆台，则注定这段关系撑不起一整个健康的家庭。

在2020年有一部家庭剧《都挺好》，在这个剧中，苏妈妈和苏大强是一对互相拆台的夫妻。两个人一起做了不让女儿苏明玉上大学的决定，但是当宣布这个决策时，苏大强却躲了起来。类似如此，每当家庭要做出重要决定时，苏大强就把所有的压力堆到女主的妈妈一个人身上，让女主的妈妈偏心、神经质，最终导致家中的三个孩子都有性格缺陷：大哥懦弱，二哥偏激，小妹冷漠好强。整个大家庭的核心关系出了问题，每个亚系统也因此不断产生问题。伴侣之间一方对另一方不能支持，本就会让对方感到痛苦、无助、愤怒，这些情感必然会影响孩子的心理健康。因此，当夫妻本身能够给孩子做良好关系的示范，那么亲子关系出现问题的情况就会大大减少。

单亲也不必害怕

随着时代的变化，家庭结构也在变化。国家统计局统计数据显示出，从 2013 至 2018 年结婚率不断下降，而离婚率不断提高，至 2018 年离婚登记人数约为 450 万人。平均每天有 1.2 万人离婚。单亲的家庭必然缺少夫妻的核心关系。单亲妈妈或单亲爸爸都只能代表一个性别角色。单亲妈妈或单亲爸爸可以补齐夫妻关系，也可以珍惜现有的结构，提高家庭的幸福感，用其他方式来替代缺失的一方。如果是单亲妈妈带孩子，可以让舅舅、男性的教师多多关注孩子。

曾有一位单亲妈妈询问我："自己单身多年，就是担心再婚对孩子有负面影响，怎么才能让孩子更加幸福？"我的建议是，妈妈只有让自己幸福了，孩子才有可能幸福。

综上所述，家庭关系是亲子关系的摇篮，家长不仅要注重孩子身上的问题，更要解决家庭问题。许多家长潜意识地认为孩子不懂事，所以当着孩子的面吵架、哭泣、抱怨或发泄，实际上孩子们敏感、聪慧，对外界的变化均在感受、吸纳，如蝴蝶效应一般，家庭中并无小事，在孩子面前家长需要更加谨慎，从每一点细节上改进，防微杜渐，勿要等火山喷发了才追悔莫及。

工具

揪尾巴游戏

使用方法：用纸壳制作几条长尾巴，爸爸、妈妈和孩子各自用绳子绑在腰上一条，或贴在屁股后面。三个人互相抓其他人的尾巴，同时保护自己的尾巴。

作业

愿望清单

询问孩子的5个愿望是什么，只能倾听并微笑，不能反驳孩子。

第 2 节　八种家庭中的教养方式对家庭的影响

案例 亲子问题是家庭出了问题

> 小雪：10 岁
>
> 　　我："小雪很害怕父母，什么都不愿与父母说。小雪的家庭经济拮据，妈妈工作很忙，不怎么管教小雪，心情不好时经常朝小雪撒气，一边表达对小雪的爱，一边对小雪抱怨她让自己烦心。小雪的爸爸则是十分严厉，总是因为学习和成绩批评小雪，生活中也不容许小雪犯一点错误，在给小雪施加压力的同时，从不对小雪表达情感。小雪经常非常痛苦和压抑。"

▌有没有最好的教养方式呢？

　　案例中，小雪的父亲对小雪有着强烈的控制，在感情上十分疏离，总是否认她。而小雪的母亲在感情上对小雪过度的侵入，让小雪招架不住。虽然父母的内心都是真心爱孩子，但教养方式的不当并没有让孩子接收到爱意，严重地影响了小雪的心理健康。因此，小雪的父母开始迫切地希望改进教养方式，修复亲子关系。其实他们急需改变的是教养方式。

　　教养方式对每个家庭来说都是非常重要的，教养方式不仅会影响孩子，也会被孩子模仿，传递给下一代。每一个人的教养方式在很大程度上是继承于原生家庭，百分百地摆脱原有的教养方式是难以做到的。因此，觉察原生家庭的教养方式、改善现有的教养方式，选择更适合当代家庭的教养方式十分重要。有许多教育专家提出了不同的教养方式，我十分认可杰弗里斯·麦克沃特对教养方式的研究。他从三个维度来评估教养方式：权利和控制维度、支持维度和情感联结维度，并根据这三个维度，组合出了八种家庭教养方式。

从权利和控制的维度可以把家庭分为放任类和严厉类。在放任类的家庭中，孩子的自由度较高，家长对孩子的诸多方面没有过高的要求，家长常常对孩子的行为毫不在意。严厉类的家庭则正好相反，在家庭中父母强调权威、服从性和控制权，在诸多家庭事务上都有严格的界限，如喧闹、争吵、礼貌。

严厉类的父母通常具备一定的知识文化水平，能够满足孩子基本的物质需要，对孩子的发展从资金和精力的角度愿意投入，能够培养出细致、严谨的习惯。在家庭中孩子会表现得乖巧，逆反的心理一直被父母压制，但是并没有消失，随着孩子的成长，在父母的命令与孩子的需求产生冲突时，孩子的逆反心理容易爆发出来，可能会严重破坏亲子关系。在严厉类环境下长大的孩子经常对父母感到畏惧，害怕被批评、害怕犯错误，不愿意学习和尝试。逆反心理和规则意识会同时在孩子心中存在。

支持维度可分为敌意类与温暖类，根据父母对孩子在情感上的支持和投入程度来区分。在敌意类的家庭中，当孩子进行表达时，父母更多地表现出不赞同、不理解，常常否定、打压孩子。父母并不是故意对孩子有敌意、要打压孩子，而是习惯性地使用负面反馈。当孩子想要做一件事情时，敌意类的家长会认为孩子做不到，即使做到了也会失败，时常给孩子传递负面的信息。

温暖类的家庭很少惩罚孩子，以儿童为中心。父母会理解、赞赏、支持孩子，教育孩子更加委婉，即使孩子做错了也会安慰和鼓励孩子，注重孩子内心的感受。在这样的教养环境下，孩子会有满满的安全感，能主动、积极地探索和与人沟通，情商和自信都在父母的温暖下提升。

▶ 南风效应

南风效应也叫作温暖法则，它源自法国作家拉·封丹的一则寓言：北风和南风进行比赛，比谁的威力更大，怎么比呢？谁能让行人把身上的大衣脱掉，就说明谁的风更厉害。北风率先开始，用尽了全部的力气，让天气变得寒冷刺骨，大风吹在行人的身上，结果行人把大衣裹得紧紧的，怎么也不肯脱掉，北风很沮丧。南风开始了，他没有像北风那样用力，而是徐徐地吹动，行人在南风中感到风和日丽，暖洋洋的，纷纷解开纽扣、脱掉了大衣，南风轻松获得了胜利。这则寓言给人们的启示是：在人际交往中，温暖胜于严寒。父母在跟孩子相处时，温暖的话语比敌意的话语更能"吹"进孩子的心房。越是用力地教训孩子，跟孩子的距离就会越远，反而轻柔的话语对孩子的教育能达到事半功倍的效果。

第三个维度是根据父母的情感卷入程度分为冷静类和焦虑类。情感卷入程度可以理解为父母与孩子之间在情感上的互相影响程度。冷静类的教养方式是克制情感的，当父母产生愤怒情绪时，会避免对孩子表现出来，与孩子建立负面情感的隔离区，防止孩子感染到相关情绪，对孩子的情感也会保持隔离。而焦虑类的家长会在愤怒时迁怒于孩子，难过时让孩子陪自己难受。或是过度紧张和关心孩子，对孩子的情绪反应激烈，缺乏边界感，常做出翻看孩子日记、乱动孩子物品、闯进孩子房间等行为。

▶ 超限效应

美国著名作家马克·吐温有一天在教堂中听牧师演讲，最初他非常喜欢牧师声情并茂的演讲方式，也被内容深深打动，心中准备好了进行捐款。然而牧师的演讲一直没有结束，过了10分钟，牧师还在自顾自地演说，这时马克·吐温有些不耐烦了，决定只捐些零钱。可是又过了10分钟，牧师还没有停下来，马克·吐温决定不捐款了。等到牧师终于结束了冗长的演讲，开始募捐时，过于气愤的马克·吐温不仅分文未捐，还从盘子里拿走了几美元。

这种由于刺激过多或作用时间过久而引起逆反心理的现象被称为"超限效应"。当一个人饥饿时面对一桌丰盛的美食会欣喜若狂，但当人吃饱后，如果餐厅还在不停地上菜，再精致的美食也会让人反胃。所以，无论是哪一种教养方式，在实际教育孩子时都需要把握尺度。极端化的教养方式是不可取的。给孩子自由和空间是好的，但不能毫无关心和关注；支持孩子是好的，但不能溺爱孩子；跟孩子交流感情是好的，但不能把所有情绪倾泻而出。

▶ 一致的教养方式

将以上三个维度进行组合，可将家庭教养方式分为八种类型。

1	严厉	温暖	冷静	组织型
2	放任	温暖	冷静	民主型
3	严厉	敌意	冷静	僵化型
4	放任	敌意	冷静	忽视型
5	严厉	温暖	焦虑	监护型
6	放任	温暖	焦虑	溺爱型
7	严厉	敌意	焦虑	独裁型
8	放任	敌意	焦虑	伤害型

第一种是严厉—温暖—冷静型，这种教养方式可称为"组织型"。组织型是中国环境中对孩子比较有利的模式。家长既有明确的规则和指令，告诉孩子可做与不可做的事项、设定明确的奖惩机制，又能用支持、鼓励的态度帮助孩子落实。当孩子犯错时，这种教养类型的家长会比较少地否定、批评孩子，

能够控制好情绪。同时能够冷静地看待孩子的成长，不会把孩子在某件事上的失败归结于父母自己的失败上。教出的孩子有高度的服从性，社会化程度高，有较强的自尊心和自信心，不容易出现心理问题。在电视剧《家有儿女》中，父母对孩子就较多地呈现严厉—温暖—冷静的抚养方式，因此在情景中呈现出温馨、有爱又有趣的家庭环境。这种类型的教养方式是有效的、有组织的，也是我较为推荐的。

第二种是放任—温暖—冷静型，这是西方国家乐于推崇的类型，可称为"民主型"。这种模式下，孩子既有充分的自由，又有足够的支持，在情感上父母也不会给孩子施加过多压力。这种教养方式培养的孩子规则感较弱、比较随性，受到父母的惩罚较少，乐观、喜欢创造、常常喜欢自由发挥，不易被束缚。这种教养方式是相对积极、民主的。我曾有这样一个个案，小靖的父母希望等小靖长大后送他到国外读书，因此使用放任—温暖—冷静的教养方式培养小靖，小靖的特点是乐观、外向、有主见、爱表现自己，虽然独立，但不能遵守规则。因此在国内上小学时，小靖经常被惩罚，家长也常常被老师批评。西方国家与中国的教育理念是有差异的。所以，在中国使用放任型的教养方式更需要与环境进行均衡。

第三种是严厉—敌意—冷静型。这种教养方式可称为"僵化型"。僵化型教养方式的家庭既有强烈的规则感，又很喜欢否定孩子。这样的家庭可能会给孩子制定大量的规则，当孩子达不到要求时，家长会指责、批评，甚至体罚孩子，给孩子施加压力。在执行规则过程中，会很严苛，同时在感情上冷静，与孩子的关系比较疏远。因为当家庭中的敌意比较高，孩子的自信心会经常被打击，遇到挫折时容易给自己负面的评价，喜欢逃避家庭、逃避具有规矩的地方，经常需要舒缓压力。父母通常会按照自己的想法来安排孩子的学习、生活和未来的发展，当孩子有不同的意见时，很难改变父母的想法。孩子通常会遵守秩序、兢兢业业、孝顺父母，在长大后也不敢违背父母。但当孩子在有机会离开父母时，孩子的表现容易出现极端化，比如有些北方的学生在报考大学时为了远离父母而报考南方的大学。这种教养方式下的孩子可能会很服从、墨守成规，但他们也会在情绪爆发后通过违反规则的行为来表达自己的攻击性，甚至有可能做出违法、犯罪的行为。

第四种是放任—敌意—冷静型。又可称为"忽视型"。忽视型的父母既不管孩子，又喜欢打压孩子，这会让孩子感到很疑惑，并滋生怨恨，孩子心里会想："既然你没有给我足够的爱，又有什么资格否认我呢？"从父母的态度中，孩子无法感受到被爱、被关注，就会不断地向外界寻求，因此孩子容易产生悲观、自卑的情绪，可能会做出出格、出其不意甚至伤害自己的事情。孩子在与父母的关系中体验到了冷漠、被忽略，对社会的期待偏低，认为冷眼旁观是一种常态，对父母和环境充满了负面评价，不对感情的亲密抱有期望，在面对社会压力时容易退缩。

第五种是严厉—温暖—焦虑型。又可称为"监护型"。这样的家庭喜欢激励孩子，当孩子面对问题时，家长愿意一起想

模块四　家庭、亲子关系与儿童心理发展

办法，孩子有很高的服从性，但因为焦虑型的存在，家长的行为往往伴随着不合理的情感卷入和焦虑情绪，可能会过度呵护孩子，让孩子感受到很多束缚、压力和控制。当孩子在社会适应过程中遇到困难时，会十分依赖家长。好处是，在这样的教养下，孩子能够学会如何应对他人的情绪。这种家庭在咨询经历中很常见。家长会非常喜欢上课、学习多种教育理念，因为他们总是认为孩子有各种各样的问题。优点在于他们非常愿意自我改善。但是当家长处在焦虑的状态下时，他们的态度和选择经常变化。这会让孩子感到不适应。整体上来说，他们对孩子的支持和帮助是较大的。

　　第六种是放任—温暖—焦虑型，又可称为"溺爱型"。这样的家长很容易毁掉孩子。他们经常不管孩子，但是又很关心孩子。在关心孩子的同时没有章法和规则，孩子会认为自己能够控制父母。这种家庭类型中容易出现被宠坏的小公主、小王子，他们会表现出娇生惯养，不易顺从、粗鲁、无理、得寸进尺等坏习惯。

　　第七种是严厉—敌意—焦虑型，又可称为"独裁型"。这种家庭中的孩子经常会被严厉地批评，家长经常唠叨，教育过程十分疲惫、吃力，容易出现感情与事情夹一起批评孩子的情况。有时明明孩子在同学中表现很好，孩子心里渴望得到家长的认可，但家长仍会找出孩子做得不好的地方来否认孩子，不断地降低孩子对自己的评价。这样的家庭最容易出现虐待、打骂孩子的情况，孩子容易愤怒、胆小、害怕受伤，很可能有很强的攻击性。

  第八种是放任—敌意—焦虑型，又可称为"伤害型"。这样的家长很容易发泄情绪给孩子，家长打击孩子的过程不是为了让孩子变得更好，而是为了发泄自己的情绪。当孩子长大一些后，家庭中管教孩子的方式通常是以暴制暴，这样家庭中的孩子容易出现神经质等心理问题，孩子容易害羞，也会很挑剔。不确定事情的对错、不愿承担成人的角色，社会适应能力较差，做事时随心所欲，在压力面前容易退缩，并喜欢试探边界，因此容易出现违法的行为。

  有些教养方式会对孩子的内心产生很大的恐慌和焦虑，长期使用可能会对孩子造成巨大的创伤，因此选择教养方式时应该慎重。虽然有些家庭惯用奖励、有些家庭惯用惩罚，但有些方法会在家庭中不起效或是短期使用后失效，这时就需要家长灵活地变换方式、方法。

  案例中的父亲和母亲很明显对孩子分别使用的是不同的教养方式，父亲是使用严厉、敌意、冷静的僵化型，母亲则是使用放任、敌意、焦虑的伤害型，在这两种不同模式的同时教养下，小雪的内心非常困惑。父母的教养方式不一致会导致父母之间经常发生冲突，这会让孩子不知道该听谁的，不知道怎么做才是对的，家庭冲突也会影响亲子关系、影响家庭的稳定程度，总的来说，会对孩子产生多种不良影响。所以家长之间要多沟通教育理念，对待孩子时使用一致的教养方式。某一方家长如果经常极端化地切换教养方式也会让孩子非常不适应，如在极端冷静与极端焦虑上切换，容易导致孩子发生心理问题。

教育孩子的过程中难免会产生挫折感，当家长羡慕其他的家长有权威时、羡慕其他的孩子听话时，或是自己学习使用了一种教养方式却不起效时，不要一味地怪罪孩子。每个家庭都是不同的，学习和适应都需要过程，面对挫折时产生了焦虑情绪，家长就无法使用好教育的方法和技巧，而且适用于其他孩子的教养方式，并不一定适用于自己的孩子。家长只有先把自己的状态调节好，才能给孩子一个好的榜样。当家长自己感到幸福，就已经在孩子的心理健康方面完成了90%的工作。保持良好的亲子关系是教育孩子的基础，知识、技能和方法只是锦上添花。

工具

爪爪的相识

使用方法：跟孩子在家中时，对比孩子的手掌、脚丫与自己的区别，引导孩子观察，并使用手掌或脚丫跟孩子玩游戏，在此过程中跟孩子增多肢体接触。

作业

家长思考一下平时的自己符合哪种教养方式、平时的另一半更符合哪种教养方式；生气时的自己更符合哪种教养方式、生气时的另一半更符合哪种教养方式。思考孩子是否表现出了在教养方式下的不良状态，尝试调整教养方式。

第二章
亲子关系与儿童心理发展

第1节 依赖：依赖性太强的孩子怎么办？

案例

> 5岁的小甜是一个害羞的女孩子，和妈妈出去散步，路上碰到相熟的叔叔阿姨向她问好她都会往妈妈身后躲，直到妈妈提醒要跟叔叔阿姨打招呼，小甜才会细声细气地问好。叔叔阿姨问小甜任何问题，小甜都会先看看妈妈的脸色，得到妈妈的提示和许可以后才会回答叔叔阿姨的问题。每次妈妈让小甜自己选择明天上幼儿园穿的衣服，小甜都会撒娇耍赖让妈妈帮自己选。

案例中小甜这样的孩子，通常不会让父母产生特别大的危机感，只会觉得女儿就像一个甜蜜的负担，经常需要父母操心。但是假设小甜长大一些后，做作业时要父母陪着一刻不能离开；

家务完全不能自理，内衣裤都需要母亲清洗；或者只要家人不看着就丢三落四，老忘事儿，家长就会开始意识到问题的严重性了。孩子的依赖性太强，独立性太弱，这样的负担一点都不甜蜜。

怎样教养孩子容易培养出孩子的过度的依赖性呢？

家长的过度代劳将强化孩子的依赖性。我曾经碰到过一个妈妈，她非常骄傲地告诉我，她的家庭如果缺少了她都没办法运转。有一次她生病发烧了，没人叫全家人起床，所以当天全家人上班上学都迟到了。那个妈妈跟我描述这个事件的过程中，表现出了一种骄傲感。而我却看到这个家庭以及家庭的小孩身上存在的危机。前面章节中提到过，家庭是一个完整的系统，系统内部各个部分之间是互补的。当一个人很能干，大包大揽的时候，那么其他人只能很没用，什么都不干，这样的系统才能达到平衡。为什么过分精明强干的妈妈，通常都养出胆怯懦弱的孩子？其中一个原因是因为孩子只有什么都不会都不干，才有妈妈的发挥空间，同样只有父母什么都会什么都干完了，孩子才可以心安理得不动如山。

父母的要求过高也容易激发孩子依赖性。要求过高的父母通常不会容忍孩子犯太多错误，他们要不在孩子犯错第一时间匆匆救场，要不就是在孩子犯错以后大加挞伐。这两种操作都会导致孩子拒绝尝试很多事情，最后的结果就是依赖父母来完成孩子本该完成的任务。有位友人，安排儿子打扫他自己房间的卫生，结果卫生搞完了，做得不太彻底，这位友人非常不满意，口里念叨：你做了半天，跟没做一样，玻璃还是那么脏，还不如我自己来做。从那以后，她再也叫不动儿子打扫。所以有时候依赖性是被批评出来的。

还有一种依赖是双向的，常见于单亲家庭。相依为命的亲代和子代两个人，都需要对方成为自己的精神支柱。这样的家庭中，孩子在日常生活上极度依赖父亲或母亲的照顾，同时也承受着来自父亲或母亲因为缺乏伴侣而给予的"双倍关注"。

要怎么样帮助依赖性特别强的孩子呢？

1.学会拒绝。要拒绝孩子的依赖确实不容易。但是父母的拒绝其实给了孩子独立自主的动力。当家长不再帮他穿衣服，不再给他喂饭，不再帮他完成他的作业，他可能刚开始会哭闹，会抗议，会挨老师批评。但是家长要坚定，要知道所做的这些将会推动他自己学会穿衣，吃饭和写作业。

2.鼓励试错，塑造成功经验。上面提到我友人儿子做家务的例子就是一个极好的反面教材。如果她选择鼓励孩子，告诉他，第一次干家务干得不错。顺便作为奖励再传授一个妈妈独门的擦玻璃秘诀。我相信孩子会欣然接受，并且下次再被母亲要求做家务，应当也不会那么反感。因为成功会给孩子带来意义感。我们想要增加一种行为的出现的频率，就应该增加孩子通过这个行为获得表扬的机会。

3.父母装拙。当孩子问父母，天上的云为什么是蓝色的。其实父母并不需要急着回答是因为"光线的折射"。面对孩子的提问或孩子的求助，父母可以告诉孩子，自己也不懂，但是愿意和他一起翻翻书，找找答案。这样既避免孩子形成"摊手要答案"的依赖意识，同时也鼓励了孩子在学习中形成探索答案的习惯。

4. 偶尔寻求孩子的帮助。"可以帮我去倒杯水吗？""这个地板得有力气的人才能擦干净，谁是咱们家最有力气的人呀？"父母适当地向孩子求助一些孩子力所能及的事情，并且在孩子做完以后给予积极正面的反馈，一方面可以增强孩子的主人翁意识，另一方面也让孩子感觉到自己的力量和能力，当然也能大大地减少孩子的依赖性。

工具

你所不知道的自己

依赖性强的孩子往往不容易发现自己的潜力和特长。

家长可以每天给孩子写一张卡片，记录下孩子不经意间表现出来的优点和能力，促进孩子的主观能动性的发挥。

比如：

今天你认真的盯着小草观察了10分钟，特别投入、特别专注。你是能够专心致志做一件感兴趣的小事的孩子。

今天你竟然一个人一次端起来4个盘子还没打碎，你的平衡性实在太好了。

…………

作业

鼓励孩子自行策划一次简单的家庭集体活动。由孩子来全权安排活动的形式、内容、地点以及时长。父母在这次活动中全权听从孩子的调遣，父母处在辅助的角色上为孩子提供他力所不能及的支持。

模块四　家庭、亲子关系与儿童心理发展

第2节　不服从：让往东，偏往西的孩子怎么办？

案例 不听指挥真头痛

> 晓晓爸爸：我已经明确告诉过他很多次，放学后要立刻回家，把作业写完。但他不听，第二天还是回家很晚，到家后不愿写作业，这孩子太不听话了。

亲子关系良好的表现之一就是孩子愿意服从父母、听父母的话，所以许多家长都对"孩子不听话"这件事很困扰，如果孩子听话，家长就能省去很多时间和精力。晓晓爸爸希望晓晓按自己规定的时间回家并完成作业，但晓晓不听，这让父亲很愤怒，本以为发一通脾气能唬住孩子，没想到第二天孩子还是照样在外面玩。当孩子不服从指令时，如果家长强制要求孩子，孩子就会叛逆、怨恨父母。如果家长感到失望而不再管孩子，孩子就会养成不听话的习惯，跟父母的关系日渐疏远。

▶ 听话的宝贝惹人爱

当孩子不听话时，家长常常无法接受，认为是孩子身上有许多问题，如思想态度不端正、天生性格不好、不孝敬父母、不尊重父母，等等。这就给孩子贴上了许多负面的标签，而家长越是批评孩子、从负面去理解孩子，孩子就会越远离家长期望的航道。其实孩子不服从指令的原因有很多种，不都是孩子的问题。

孩子不服从指令的原因可能是孩子没有听到或是没有听懂指令。在我曾录制的一档节目中，有一位妈妈对自己7岁的女儿说了一句话："把西瓜吃完以后把地扫一下，然后把晾的衣服取下来"。但孩子并没有照妈妈说的去做，因此妈妈很生气，认为孩子不听话。这其中就包含了多种因素的影响。首先，妈妈说的那一句话中包含了三个指令，并且带有顺序关系，即使是成年人也需要理解并记忆。其次，当妈妈在说话时，装修的噪声很大，孩子并没有听清楚妈妈说的话。而且，在妈妈的意识里，这几件事是很重要的，如果没有做完会影响其他事情的进展，但是她并没有告诉孩子这一点。

情绪十分影响孩子听指令的程度。在我的一个个案中，孩子在情绪的影响下不听父母的任何指令。当时孩子跟同伴在公园玩得正欢，父亲要求孩子立刻回家，孩子不肯，于是被父亲强行带离公园，之后无论父亲说什么，孩子都不听。孩子此时还沉浸在不能和同伴继续玩耍的失落当中，小脑袋中充满了负面情绪，因此听父母讲话的专注力和行动力都大幅下降。

有时候孩子不听指令也有生理因素在其中。例如孩子早上赖床时，家长让孩子立刻起床、叠被子，孩子不愿意，或是起床以后嘟嘟囔囔、表情愤怒、不好好吃饭，家长会认为孩子不听话、埋怨自己、叛逆，其实孩子是受生理的影响。人类的正常睡眠，一般是由浅睡眠期到深睡眠期再到浅睡眠期，这样反复几个周期构成。孩子早起困难，是因为困意浓烈，原因是叫醒时，孩子正处于深睡眠。运动睡眠教练尼克·利特尔黑尔斯对睡眠进行了研究，他认为，90分钟是一个人在一个睡眠阶段的时间，是深浅睡眠交替的一个睡眠周期，每个人的睡眠是由多个睡眠周期叠加形成的。孩子处于深睡眠时很难被叫醒，而浅睡眠时被叫醒就会很快恢复意志，不觉得困。起床气通常用来形容人在起床之后的坏脾气，许多因素都会造成起床气，尤其是低质量的睡眠。初醒时，负责思维意识的大脑、神经等生理器官从休眠到唤醒需要一段时间，如果身体还处于疲劳状态的话，这些器官会"抗拒"工作，恢复的时间段就更长，被迫唤醒，出现焦虑甚至是情绪失常的表现十分正常。

　　遇到以上几种情况时，家长可能会误以为孩子是故意叛逆，这是情有可原的，因为当孩子有逆反心理时，确实会表现出不服从指令的情况。孩子逆反、顶嘴、故意违背父母的指令，内心希望父母尊重自己的想法，不希望被小看、也不希望被全权控制，突出表现在青春期阶段的孩子身上。家长可能会认为孩子是故意和自己对着干，但这种心态一旦形成，就很难解决冲突，因为家长这时已经把孩子当成了敌人。

案例

> 咨询师:"彭彭,你可以帮我把这十张凳子搬到屋里去吗?"
>
> 彭彭:"我不要,为什么要我搬?"
>
> 咨询师:"因为你很高,看起来特别有力气,我想你搬起来一定很容易!"
>
> 彭彭:"那倒是,搬凳子而已,对我来说确实很容易!"
>
> 咨询师:"那你觉得你能搬动几个?"
>
> 彭彭:"这十个我都能搬完!"
>
> 咨询师:"那太棒了,我们现在开始吧!"
>
> 彭彭:"好,看我的!"

彭彭在咨询前被妈妈认为是一个很不听话的孩子,每天和自己对着干。彭彭妈妈不知道要怎么"对付"孩子。在咨询师对彭彭说了一个指令后,彭彭的第一反应也是逆反,但是咨询师夸赞了彭彭,彭彭感到自己的优势被人看到了、自己的能力被认可了,自己不是被迫按照别人的指令去做,而是用自己的能力帮助别人,这时彭彭被赋予了一种使命,再伴随着正向的鼓励,彭彭就变得听话多了。在积累了多次成功的经验后,彭彭的逆反心理不断减少。此前,妈妈把彭彭当作攻城人,自己只有两种选择:要么拿起武器应战,要么弃城而逃。这样的两种选择都让妈妈难受不已。最好的办法就是保持一颗平常心,不把孩子的语言看成对自己的攻击，也不与孩子较劲，看到孩子想要被认可、想要拥有成就感的心理需要。

▌有技巧，好顺利

想要让孩子更加服从指令，家长需要先改善自己的心态。心态永远是做任何事最重要的一步，心情好，做什么事都很顺利，心情不好的时候，做事情就总会混乱。家长在给孩子下达指令前必须要做好一个心理准备，那就是冷静。家长比孩子的年龄大，认知水平高，如果孩子叛逆，自己也跟着上火；孩子发怒，自己也跟着发怒；孩子不理会自己，自己也不理会孩子……那么亲子冲突就难以避免。家长要在发出指令前保持冷静的状态，设想到孩子可能出现的情况、可能发生的事情，这样不论孩子如何表现，家长都能从容应对。

在下达指令时，家长可以遵循一个口诀：简单具体又清晰，尊重提醒你真棒！细分为以下六点：

第一，比起复杂的事情，孩子更愿意去做简单的事情。复杂的指令和几个指令同时下达，孩子都可能忘记或混乱顺序，所以下达指令的第一个要注意之处就是化繁为简。有时家长会在下指令的时候说很多解释的话，孩子耐心听了很久还是不知道自己到底要做什么，就会失去耐心，产生厌烦的情绪，误以为自己要做很多的麻烦事，自然就不愿去做。家长可以把自己想要孩子做的事概括一下，把复杂、重复的话语删减掉，也去掉孩子无法理解的逻辑关系，如果可以的话，一次下达一个指令，等孩子做完再下达另一个。

第二，下达指令要具体化。如果家长对孩子说："你把家里的卫生打扫干净。"那么孩子脑海中会疑惑："要打扫干净房间我要做哪些事情呢？"也许家长的脑海中想的是："我希望孩子能扫地、擦桌子、扔掉厨房的垃圾"，但是下达的指令不够具体，孩子头脑中的疑惑都是孩子执行的阻碍，越多疑惑，孩子就越不愿去做。如果孩子按照自己的想法去做："我要把卧室的书本和玩具摆放整齐，这样爸爸妈妈一定会满意！"家长回到家后很可能愤怒、失望，认为孩子做错了，可能是故意不好好做的。这样孩子就会产生逆反的想法："我做得很好你们却责怪我，以后我再也不要做了"。

第三，下达指令要清晰。如果家长对孩子说："你把地扫干净"，这个指令很简单也很具体，但是并不足够清晰。因为孩子仍会产生疑惑："这需要我现在立刻扫，还是晚上扫也可以？我是只扫有垃圾的客厅，还是把整个屋子都扫一遍？"如果家长希望孩子尽快完成自己提出的指令，就要提前想到孩子可能会产生的疑惑，并一一解决。

第四，尊重孩子的时间。家长在下指令时经常会犯一个错误，就是不尊重孩子的时间。比如，家长对孩子说："你赶快去超市买一袋盐，我急着用！"孩子说："等一会儿，我在看电视！"家长非常生气地关上了电视，并说："不许看了，赶快去买盐！"家长这样的语言和行为都显示出家长的心理：自己的事情比孩子的事情更重要、自己的时间比孩子的时间更珍贵、孩子的时间要为自己父母、自己可以随意控制孩子、自己的事情有时限性，孩子看电视没有时限性。很明显这些想法的每一条都会让孩子更加逆反。对孩子来说，除了上学和上补习班，能享受电视的时光本就不多，动画片正演到一半又被突然地关闭，错过了下半集的剧情是多么遗憾的事！有许多游戏的形式是半小时左右一局，中途不能退出，这时孩子即使非常想做家长的指令，但也需要等待游戏结束，如果强行退出就辜负了游戏中的同伴。因此，孩子也需要家长给自己一定的时间。如果爸爸妈妈完全不尊重自己的意见，强行关闭游戏，孩子心中一定充满了失望、不解和愤怒。所以家长要调整思维，认真看待孩子在做的事情，适时地等待孩子，尊重孩子，不要把自己凌驾于孩子之上。

第五，适时提醒孩子的效果更好。提醒分为两种，第一种是提醒事情。许多指令下达给孩子时，孩子因为正专注于其他的事情，不能立刻去做家长的指令，十分容易忘记指令。当孩子忘记了，家长会十分愤怒，孩子也感到委屈。比如家长中午时告诉孩子要在六点前买苹果，到四点时就可以提醒一下孩子。第二种提醒是提醒时间。比如家长告诉孩子只能看半小时电视，接着要去做作业。如果不提醒孩子时间，孩子很可能看了一个小时还没有停下来。家长可以在看电视第二十分钟时提醒孩子："还有十分钟，到时间就要关掉电视啦！"过五分钟后家长可以再提醒一次。虽然孩子很可能仍然不愿意关掉电视，想要讨价还价，但随着家长的提醒，孩子会产生紧迫感，对电视即将关闭形成了心理预期。这样做既能培养孩子的时间观念，又能让孩子对服从指令更加心服口服。

第六，当孩子做到后，夸夸孩子："你真棒！"家长经常认可孩子，孩子也能学会认可家长。许多家长在心里认为自己付出了太多，因此总是高高在上地命令孩子，即使孩子完成了指令，家长也认为："这是应该的"。彭彭妈妈经常语气强硬地命令彭彭做事，彭彭感到自己像一个机器。如果当孩子做得好，家长不给予感谢和鼓励；当孩子做得不好，家长还不断地批评孩子，孩子怎么会愿意服从呢？做完事情的效果怎么会好呢？亲子关系又怎么会融洽呢？家长要放下索取的心态，感谢孩子的付出，当孩子做完，鼓励孩子，让孩子有成就感、被认可感，这样才能减少孩子的逆反心理，孩子对指令才能愿意听、愿意做。

当孩子没有做到家长的指令时，家长要注意：不要做负性引导式的提问。比如家长问："你是不是根本就不想做？""你从来都不听我的话，对不对？""你翅膀硬了，叛逆了对吧？"……这样的负性引导式提问对亲子关系有极大的破坏力。当家长这样问时，等于把孩子逼到了死角，孩子只能回答："是，我就是这样"。无疑家长是给自己挖了一个坑。家长想要让孩子服从指令，可以通过捕捉孩子听话、积极服从的例子，让孩子回想起自己做得好的时刻，用积极的态度鼓励孩子，孩子在感受到家长的包容、信任后，对于自己的错误会自己进行反思，亲子关系也会更加融洽，家长们何乐而不为呢？

▶ 效应：罗森塔尔效应

"罗森塔尔效应"来自美国著名心理学家罗森塔尔的一个著名实验。罗森塔尔曾和助手去到一所小学，声称要进行一项"未来发展趋势测验"，并以十分赞赏的口吻将一份"最有发展前途者"的名单交给了校长和学校教师，之后罗森塔尔和助手对校长和老师千叮万嘱，告诉他们一定要保密，以免影响到实验的正确性。其实这是罗森塔尔撒下的一个"权威性谎言"。名单上的所有学生都是随机挑选出来的，并没有比其他同学特殊。但是8个月后令人惊奇的是：凡是名单上的学生，成绩都有了很大的提高，且每个人都在各方面表现优秀。

很显然，是罗森塔尔的"权威性谎言"起了作用，这个谎言对校长和教师产生了暗示，他们在心中对名单上的学生有了高评价和高期待，而后将这一心理通过情绪、语言和行为传达给了学生。教师对这部分学生的期待是真诚的、发自内心的，因为他们受到了权威者的影响，坚信这部分学生就是最有发展潜力的。也正因如此，教师的一言一行都难以隐藏对这些学生的信任与期待，而这种"真诚的期待"是学生能够感受到的。这使这些学生变得更加自尊、自信和自强，从而在各方面得到了异乎寻常的进步。

这个效应说明：一个人相信什么，事情就会往什么方向发展；只要真的相信事情会顺利进行，事情就会如心所想地顺利进行。相反亦然，如果一个人相信事情会受到阻力，这些阻力就会产生。赞美、信任和期待能够改变人的行为，当一个人获得另一个人的信任、赞美时,他便感觉获得了社会支持,从而增强了自我价值,获得了积极向上的动力,希望尽力达到对方的期待,以避免对方失望,来维持对方给予的社会支持。所以在亲子关系中,如果家长希望孩子能照自己所期望的样子去做,首先要真诚地相信孩子可以做到;相信孩子对自己的爱;相信孩子是优秀的;给予自己和孩子积极的心理暗示。

工具

工具名称:小红花兑换机

使用方法:使用积累表来积累奖励,使用兑换表来兑换奖励。表格内容可以和孩子一起来制定,使用中途不可随意变更。家长事先可购买代表小红花的贴纸(爱心等形状的贴纸均可),当孩子做出"听话行为"时,将对应的小红花贴在积累表右侧。兑换表的奖励可根据家庭情况由小到大选择,但要避免出现过多物质奖励。

表1 积累表(内容仅为举例)

积累表		
听话行为	奖励小红花	贴小红花处
扫地	2朵	
刷碗	2朵	
收拾饭桌	2朵	
收拾书桌	1朵	

（续表）

积累表		
写作业后整理书桌	1 朵	
带齐作业本回家	1 朵	
放学按时回家	2 朵	
按时完成周末作业	5 朵	
……	……	……

表2　兑换表（内容仅为举例）

兑换前	兑换后	兑换奖励
5 朵小红花	1 颗糖	0
10 朵小红花	2 颗糖	0
15 朵小红花	3 颗糖	十分钟玩耍券
20 朵小红花	4 颗糖	一根新笔
25 朵小红花	5 颗糖	十分钟电视券
30 朵小红花	6 颗糖	户外运动半小时券
50 朵小红花	10 颗糖 /1 个千纸鹤	贪睡 20 分钟券 / 到同学家玩耍半小时
100 朵小红花	20 颗糖 /2 个千纸鹤	去同学家玩耍两小时
200 朵小红花	40 颗糖 /4 个千纸鹤	展览馆一日游

作业

在与孩子沟通时，学习罗森塔尔效应，给予孩子正面的积极的心理暗示。

第三章
家庭内的同辈关系

第1节 生二胎前常见的三个疑问

全面开放二孩以后,预测中的"婴儿潮"并没有产生,甚至全年新生儿减少 200 万,面对这些百万级的数据,我陷入了思考……

前段时间作为广东某电视频道《父母救兵》节目的特约心理专家,碰到了一位求助的妈妈,家里有 3 个娃,希望解决大女儿和二女儿相处困难的问题……

昨天与闺蜜小聚,我吐槽她,娃娃已经落地这么久了,因为怀孕积攒的小肉肉依然没有掉下去,闺蜜言称生完二胎一起减。看着这位眉目如画,跃跃欲试生二胎的 80 后独生子女,我开始认真思考关于二胎的问题。

一般想要二胎的父母,尤其是 80 后独生子女这一代想要二胎的父母在怀孕前或者生产前常常对大宝是否期待二宝的到来这个问题感到莫名的焦虑。由此延伸出来的问题就是:

该不该和第一个孩子商量是否要二胎？

该什么时候，用什么方式告诉第一个孩子二胎的到来？

第一个孩子和第二个孩子年龄相差多少岁才算合适？

…………

1. 该不该和第一个孩子商量是否要二胎？

通常会有这样考虑的父母是比较有换位思考能力的父母，有可能还会是很提倡民主的家庭。无论是换位思考还是提倡民主，都是应该受到肯定的育儿思路。

接下来我要从儿童心理学以及家庭治疗的角度来谈谈我对这个问题的看法。

首先介绍一个"结构式家庭治疗"的基本概念。结构式家庭治疗的创始人认为家庭是一个完整的系统，系统之间的成员彼此依赖又彼此影响。

在完整的家庭总系统下又分为几个亚系统：

夫妻亚系统（丈夫与妻子）

亲子亚系统（父母分别与孩子）

手足亚系统（孩子之间）

每个亚系统都有自己的功能和职责，有自己的权利和义务，系统之间有边界。在健康的家庭结构中，家庭的界限应该是清晰且有弹性的。

什么叫清晰，什么叫有弹性？我在下面举个例子给大家说明。

案例

> 小白和小朱是一对年轻的夫妻。某一天，小朱在外应酬晚归，小白很不开心，和小朱吵了起来。正吵得激烈的时候，没注意到两人5岁的孩子球球也出现在客厅，球球抱住小朱的腿哭着骂小朱："你骂妈妈，我讨厌你。"

如果是一个边界清晰的家庭，维护夫妻感情是夫妻亚系统的义务，不应该将孩子牵扯进来。

所以通常，两口子吵架都应该避开孩子。如果因为一时不注意，不小心被孩子看到两口子吵架，比如案例中提到的小白和小朱，此时应该停止吵架，小白应该主动告诉孩子："爸爸妈妈吵到你了，很抱歉。爸爸和妈妈生对方的气了，所以吵架，这是爸爸妈妈可以解决的问题。虽然爸爸生妈妈的气，可是爸爸还是爱球球的，所以球球说讨厌爸爸，会让爸爸很伤心，球球可以抱抱爸爸吗？"

这样的说法，避免了将孩子卷入夫妻亚系统的纷争导致给孩子带来需要"选边站"的心理压力，也在某种程度缓解了亲子亚系统中父子的冲突，同时因为换位思考间接可以缓解夫妻间的矛盾。

那什么是有弹性呢？

比如父母亚系统有教养孩子的权利。但是父母有时会征求孩子就管教方式发表"用户体验"。比如有家长会问："你自

模块四　家庭、亲子关系与儿童心理发展

己觉得爸爸妈妈一周给你多少零用钱合适呀？"做过这个尝试的家长，可能会意外地发现，孩子的回答比你原先设定的预算要低很多。

上面介绍了一些关于结构式家庭治疗的概念，那么怎么解决我们在最开始提出的关于二胎的那些问题呢？

该不该和第一个孩子商量是否要二胎？

完全不应该！

性爱和繁衍是夫妻亚系统的权利与义务。这个时候任何一个孩子都没有决策的权利。决定一个生命是否存在对于一个年幼的孩子来说，还过于沉重。

孩子可能担心弟弟妹妹"夺宠"而焦虑，也可能因为自己不想要弟弟妹妹的想法而内疚，觉得自己很自私。另外，家长在商量了以后，如果发现孩子与自己意见不合，到底该听谁的？

同理还有离婚这件事情也不应该和孩子商量。我常常在课堂上和我的学员开玩笑道：如果我是孩子我就抗议，凭什么结的时候不问我，离的时候要我"背锅"。

所以生不生二胎，没有商量的问题，只有通知和如何通知的问题。

2. 该什么时候，用什么方式告诉第一个孩子二胎的到来？

一般是验出了怀孕后，应尽快告诉孩子。我知道有些地方风俗，3 个月后胎儿稳定以后才能告诉他人。这个家长需要斟酌和风俗做平衡。母亲怀孕时候的诸多不适，可能会让年幼的孩子感到焦虑，也可能会让大孩子提前察觉到真相。如果孩子是自行知道真相而非父母口中得知，对孩子来说可能会觉得：自己因为二宝的到来，而被排挤了。这是对未来的手足关系不利的。

在告知孩子的过程中，父母也需要注意几点：

（1）平静地告诉孩子这个事实，倾听孩子对于新成员的感受。不要批判他对于二宝的任何负面感受；

（2）控制情绪，不必过于兴奋，但也不必刻意为了避免孩子失落而佯装不开心；

（3）回答孩子所有的困惑，比如"宝宝在哪，我看不到呀"之类的问题；

（4）告诉孩子，不管有几个孩子，你依然爱他如初；

（5）孕期要尽量维持大宝的生活节律以及确保他/她有足够的时间和爸妈单独相处。单独相处的意思是：这个过程，全心陪伴大宝，关注大宝的感受。

3. 第一个孩子和第二个孩子年龄相差多少岁才算合适？

孩子年龄相差太近，会让父母疲于照顾两个小婴幼儿，比较疲倦。年龄相差太远又比较难形成同辈竞争，促进孩子成长。所以一般育婴专家会认为3～5岁的年龄差，对父母对孩子都比较有利。我个人认为，其实这个事情还是得充分尊重父母的个人能力和意愿。

第 2 节　生二胎前必做的心理准备

在上一节分享的观点："第一个孩子与第二个孩子的最佳年龄差并没有标准答案，父母做好了养育两个及以上的孩子的心理和物质的准备，即可孕育二胎。"

物质准备是大家都比较容易理解的内容。那么在怀二胎之前，父母要做哪些心理准备呢？

1. 首先是关于要二胎的动机

这不只是针对想要二胎的父母，面对所有想要孩子的人，都需要弄清楚，自己想要一个孩子的动机是什么？

国人想要第二个孩子的动机其实挺多样化的：有人单纯喜欢孩子；有人认为人丁兴旺、光耀门楣；有人觉得孩子多些，兄弟姊妹能互相扶持；还有人希望年老时多一些人尽赡养义务……

这些动机五花八门，也可能互相混杂，都算情理之中，无可贬抑之处。

但是在过往案例中，也有一些动机是明显对孩子和对家庭都有害的，在下面与大家一一分享，希望受以下动机左右的父母，谨慎要孩子。

有人希望通过孩子挽救婚姻。一段迷失、紊乱的婚姻，并不会因为一个孩子的到来，而奇迹般的改善。相反因为孩子带来的诸事繁杂，会进一步加剧婚姻中的矛盾，甚至导致婚姻的解体。而且根据我上一篇文章中分享到家庭的边界问题，维持婚姻是夫妻亚系统的责任，如果孩子卷入婚姻拯救大战中，就是一种越界，只会让孩子感觉千钧重担压在肩头，痛苦成长。

有人希望通过新的孩子来弥补大孩子带来的某种缺憾。孩子确实是有可能"长歪"的。有些父母会拼命挽救孩子回归到"正常的"轨迹上来。而有些父母无力面对自己把孩子"教歪"的"失败"，决定另起炉灶。一个新的孩子，是洗刷父母"教子无方"的重要证人。甚至有人会"深谋远虑"地想，再生一个孩子，两个人有了竞争，老大应该会听话些。如果孩子的存在是弥补父母的失败，帮助父母"战胜"哥哥姐姐。其实对于孩子来说，也过于沉重了。

有人希望迎合别人的需求。爷爷奶奶希望儿女双全写个"好"字；外公外婆觉得多一个孩子跟妈妈姓也不错；同事朋友都说一个孩子太"独"，多一个孩子竞争比较好。这些种种的外部因素都影响父母做决定是否要二胎。如果父母没有做好准备，仅仅只是因为别人的期待和需要，而去要第二个孩子，都是很危险的事情。

2. 关于要二胎的第二个心理准备是：意识到自己的偏好

在二胎家庭中，通常孩子之间的矛盾或多或少都是由父母的偏心导致的。父母作为一个普通的成年人有自己的偏好非常正常，但是要事先认识清楚自己的偏好，并且了解这种偏好的背后的心理动因，从而去尽量平衡这种偏好。

在有一次录节目时碰到了一个偏心的妈妈，她有两个女儿。无论姐妹之间有什么矛盾冲突，妈妈第一反应是先呵斥姐姐，认为姐姐欺负妹妹，姐姐小气。

节目下我与妈妈聊天，问起关于偏好的问题，妈妈丝毫不觉得自己有偏心，她觉得是因为妹妹年龄小，姐姐理所应当让着妹妹。觉得自己是在主持正义（"大的让小的"这个约定俗成的"共识"是否合理，我下一章和各位读者探讨）。

经过非常深入的了解妈妈的原生家庭的情况以及姐妹俩出生以后发生的种种家庭变故。我发现偏好确实阻止了妈妈去更好地平衡亲子关系。妈妈出生在农村家庭，家里姐妹众多，又有幼弟作为家里唯一的男丁，想要获取父母的关注和投资并不太容易。妈妈需要表现得相当活跃、外向、大方才能获得自己父母的赞赏和关爱。所以妈妈深深觉得活泼、外向的孩子才能活得更好。这份认同使得她更喜欢外向、讨巧的妹妹，而无法认同"闷葫芦"姐姐。

另外，在姐姐刚出生没多久，家里发生了一些变故，妈妈疲于应付，将姐姐送去了江西老家，一年能见一到两次。妹妹出生以后，家里的境况好转很多，妹妹得以在妈妈身边长大。这种种的状况，使得妈妈产生了一种妹妹比较亲妈妈，姐姐不亲的感受。父母会不自觉地将更多的关注与情感投射到更亲近自己的孩子身上。所以，妈妈会不自觉地更偏爱妹妹。

有偏好是无可避免的，意识到自己的偏好，并意识到每一个孩子都是与自己不同的个体，每一个个体都有她独特的优点或缺点，尽量试着接纳孩子与自己不同的一面，这是为人父母必修的功课。

3.最后父母需要做的心理准备就是面对复杂问题的准备

要二胎绝对不是 1+1=2 这么简单。随二胎而来的，抚养压力，手足冲突，手足竞争等都是父母要一一解决的问题。如何更好地处理并协调多个孩子之间的关系，我们将在之后的文章中与大家分享。

第3节 二胎关系中"大的"和"小的"

有一次看到一个叫《少年说》的节目的片段，视频中一个小女孩站在高处哭着对坐在下方的爸爸控诉：妹妹招惹自己，自己教训妹妹，妹妹就去爸爸那告状。爸爸就会不问真相的批评自己。然后明明是妹妹错了，为什么每次都让自己道歉。

爸爸对小女孩控诉的答复有两个：

1. 孔融让梨懂不懂。
2. 妹妹小，不懂事，难道你也不懂事。

去年11月，我邀请了进化心理学的创始人，进化心理学的作者戴维·巴斯过来我的学校交流，开课。我也和巴斯先生探讨一些问题。

比如从进化论和进化心理学的角度，物竞天择、适者生存，纯自然的环境下，在人类群体中最难存活下去的就是我们体弱多病的老人和天真羸弱的孩子。所以在荒蛮时代和一些游牧民族有着弃老的野蛮习俗，而大饥荒时代也出现了易子而食的惨剧。而随着人类逐渐征服了自然，走出了游牧，构建了文明体系。我们学会了尊老爱幼，甚至将孝道纳入到我们的主流价值观念。尊老爱幼的本质是社会的发展和文明的进步，维护尊老爱幼的理念就是维护文明发展的结果，这一点毋庸置疑。爱幼，我们也可以进一步拓展理解为，珍惜保护弱小者。因此绝大多数人认为理所当然的"大的要让小的"这个观点的形成是有逻辑脉络的，甚至某种意义上是有道理的。

但是回到视频中，我们看到这位爸爸的答复，不知道为什么，有点无力。本来很正当地传承了上千年的共识，似乎被误用了，变成了"是非不分"的帮凶。

人在不愿意面对自己的错误的时候，喜欢用诡辩来帮自己合理化很多错误的行为。小姑娘指责爸爸不明真相，错信妹妹的告状。爸爸反问她懂不懂孔融让梨。小姑娘又问为什么自己没错，为什么要道歉。爸爸反指：妹妹还小，她不懂事，你也不懂事。孔融让梨，是标准的"大的要让小的"的共识的样板案例，被传诵千年，虽然现今依然有人会争论"孔融让梨"强调的分享精神是否违背和扼杀了小孩子的天性。我今天不谈那个。

我想谈的是，让梨子和让真相是两个完全不同层面的东西。这个小女孩当众哭诉无非就是想要一个公道，怪的是爸爸是非不分。其实解决的办法很简单，爸爸承认自己确实有时候着急分辨不清楚到底谁对谁错，错怪小女孩了，问题就解决了。但是爸爸不愿意面对自己的错误，他利用"爱幼"这个共识，来为自己辩护。给孩子传递了一个概念，她需要舍弃是非对错来爱妹妹才算懂事。这种教育方式是很危险的。首先姐妹之间的对立会更强烈，姐姐会觉得，妹妹的存在让自己莫名其妙变得理亏。其次，孩子还会习得以爱之名可以不讲道理。另外这种观念如果被孩子认同并习得以后，会发展出一个更可怕的逻辑：

我弱我有理。

所以要懂事的不是大孩子，而是作为大人的父母！

写到这里你可能发现了，其实"大的让小的"存在一定的合理性，但是错的时间和错的方式，结果就错了。这个视频中的爸爸，只是用这个观点给自己的错误行为遮羞并且让孩子产生做错事情的罪恶感，让她闭嘴。

其实现实生活中很多时候都会发生这种事情，我们以为我们的做法会让兄弟姊妹和睦，相亲相爱，可是长期损失一方利益建立起来和睦和亲密，又怎么可能会长久呢？

那期待"大的让小的"这种利他行为产生要怎么样做呢？

1. 首先要把大孩子真的当成大孩子。尊重她/他作为长姐、长兄的尊严和利益。在大孩子自愿承担责任地时候，给孩子适当授权，在某些事情上能施展领导和管理弟弟妹妹的权利；当着大孩子的面告诉小孩子要尊重哥哥姐姐并且服从哥哥姐姐的一些安排，以哥哥姐姐为榜样。

2. 每一个孩子都是独立的个体，有各自成长的路径。把每一个孩子都当成一个完整的个体来对待，而不是谁谁的哥哥，谁谁的姐姐。作为家长，是不是偶尔也会因为一直被称为谁谁的爸爸妈妈而没有了自己的名字，而感觉到失去了自我。所以，不要去强迫哥哥姐姐对弟弟妹妹的事情感兴趣或者展现善意。有很多大一点的孩子，尤其是青春期的孩子，真的不怎么喜欢和年幼的弟弟妹妹玩儿，而弟弟妹妹真的很喜欢黏着哥哥姐姐，这时候大孩子可能会表现出一些不耐烦，不要责怪孩子对弟弟妹妹不耐烦，把弟弟妹妹抱开，让大孩子独立完成自己想做的事情。

3. 更加要避免负向的互相比较。"你要是有你哥一半听话，我就谢天谢地了。""你每天阴着个脸一点都不像我，能不能想你妹妹一样阳光一点。"……这些话简直就像预谋点炸药桶。

4. 保证跟每个孩子都有一些独处的时间，让他们能有感觉到无干扰无阻碍的父母的爱。在独处时，不要求孩子聊关于另一个孩子的事情。但是孩子如果愿意聊，也愿意倾听。

5. 当小小孩给出对于哥哥姐姐的负面评价时，不急着反驳或者指责他，也不急着应和他的观点。可以说：你说的我听到了。我想她/他当时的做法一定是惹你生气了。你愿不愿意等他冷静了，好好和他说一下，他做什么让你不开心了，看看你们两个人能不能一起解决这个问题。

6. 当大孩子做出照顾弟弟妹妹的行为时，不要认为是理所当然，可以适当地给予一些口头的认可（注意，尽量不要物质奖励），也无需过度强化这种责任。因为照顾弟弟妹妹的责任最终还是父母的责任，不要让大孩子因此感觉小小孩是自己的负担。

7. 在社会心理学中，有一个理论叫作"高阶目标理论"，当两方产生冲突了，有效的弥合冲突的一个办法就是设置一个需要双方共同努力才能完成的目标。在任务过程中，原先互相冲突的双方，更容易产生认同，而消除对立。

模块四　家庭、亲子关系与儿童心理发展

举一个简单的例子：

两个年龄相差不太大的孩子因为抢一个球要大打出手。这个时候，把球给谁，都可能让另一方不满。爸爸妈妈可以说，我们一起玩一个投球游戏，爸爸作为阻拦者，要求孩子们要一起想办法把球扔到爸爸后面的桶子里去。孩子们要互相合作才能"战胜"身高马大的爸爸。孩子们就极有可能捐弃成见，互相帮忙。

工具

公平教育指南

1. 赏罚一致。
2. 把信息传递给每一个孩子。
3. 表扬要当众，批评要私下。
4. 了解每一个孩子的气质类型、兴趣爱好、发展阶段。
5. 尽量鼓励孩子们自己解决他们之间的问题。
6. 不在一个孩子面前数落或批评另一个孩子。
7. 也不要把孩子们互相比较来比较去。

作业

召开家庭会议，听取每一位家庭成员对于另外一个家庭成员的赞美和夸奖。夸奖得特别到位的家庭成员给予奖励。同时也听取每一位家庭成员的牢骚。鼓励家庭会议现场面对面地解决纠纷。

第四章
如何增强家庭纽带，提升亲子关系的质量？

第1节 亲子冲突：如何解决各种家庭"战争"？

案例 孩子与父亲争论不休

> 咨询师："卓卓对父亲有强烈的敌意，由于父亲工作原因，长期对孩子缺乏陪伴，在一起时也经常是用高高在上的口吻试图教育孩子，让孩子十分反感。所以每当父亲表态时，不论是否有他人在场，卓卓都要跟父亲较劲、争论不休。"

家庭中，亲子冲突总是让父母感到崩溃。卓卓的爸爸在外工作劳累，回到家后身心俱疲，在面对卓卓时就经常用忽视、冷淡的态度，但并不是爸爸不爱卓卓。可是卓卓不知道其中的缘由，只知道每天见不到爸爸，爸爸回家后又只知道问自己："作业写完了没有、成绩提升了没有？"所以孩子会产生这样的想法:"爸爸一点都不在乎我的感受,只关心学习成绩,说些过时的大道理,我才不要听呢!"就这样对爸爸的不满情绪逐渐累积,最终爆发了冲突。卓卓没有感受到爸爸的关怀,怎么会愿意听爸爸的话呢?

有研究表明,有孩子的家庭中,平均每三天会有一次争吵,每次争吵持续时间大约是 11 分钟。尤其是言语冲突,如顶嘴、争执、插嘴等。孩子在年龄低时,与父亲的冲突更多,在年龄增长后,与母亲的冲突更多。亲子冲突的发生率随着年龄的增长会逐渐减少,但是冲突的强度会增加。人类文化学家施莱格(Schlegel)和巴里(Barry)对 160 多种文化进行研究,发现青少年与父母的冲突广泛存在于各种文化之中。

▌只要有冲突,就是孩子的错吗?

许多家长来找我咨询时会说这样的话:"昨天孩子跟我发生冲突,因为他不听话、叛逆、不写作业。"很少说:"昨天我跟孩子发生冲突,我打了他,所以他跟我吵架。"家长总是认为孩子要为亲子冲突负全责,认为只要把孩子变得听话,问题就解决了。可是亲子冲突的原因并没有这么简单。孩子跟父母发生冲突就如同人体发烧时头部发烫一样,是一个信号,提醒的是整个家庭出了问题。

孩子跟家长之间产生冲突有许多原因。如亲子关系不良、消极的教养方式、缺乏沟通技巧、文化差异(代沟)、认知差异、家庭结构不稳定,等等。家长想要减少亲子冲突,必须先改变自己。不管之前家长和孩子的冲突有多么严重，只要愿意从现在开始改变，真正做出改变，亲子关系一定会变好。孩子的内心很简单，只是想得到父母的尊重、关怀、认可和信任。改善亲子关系并没有家长想象中那么难。

　　许多家长总是喜欢摆出专制、权威的面孔，控制孩子的所有：衣、食、住、行样样都要遵照自己的"旨意"。如果家长想吃红烧排骨，孩子想喝清淡的蔬菜汤，那么孩子很有可能被责怪："给你做红烧排骨你都不爱吃，还挑三拣四，一点都不知道感恩！"如果孩子想要跟同学穿得差不多、跟随时尚潮流，家长更是会汗毛竖立，每天要检查一遍孩子的穿着。还有许多家长因为把自己的梦想强加给孩子而让孩子痛苦万分。有的孩子性格内向、喜欢绘画，家长却一定要逼孩子学舞蹈，这种类型的亲子矛盾比比皆是。家长总是认为自己是爱孩子，无所不用其极地把自己的"经验"灌输给孩子，却认为这是对孩子的保护。于是亲子矛盾越来越激烈，最后往往以孩子哭闹不止和家长施展暴力告终。所以，想要减少亲子冲突，家长需要收敛自己的控制欲，考虑孩子的喜好，不要事事控制孩子，给孩子一些喘息的空间。

　　除专制外，最影响亲子关系的就是陪伴的缺失。不论父亲还是母亲，都需要尽可能地陪伴孩子成长。当因为工作压力等原因无法从容地照顾孩子时，不要降低对孩子的关心程度，增多亲子沟通来弥补。如果孩子已经上四年级了，家长还以为孩子上二年级，那么孩子怎么可能不抱怨父母呢？

父母的情绪状态对于家庭的气氛是主导性的，直接影响孩子在家中的状态。夫妻之间和睦相处、互相理解，家中就会充满温馨和亲情，孩子也会在欢乐、关爱下长大。这样亲子冲突发生的频率会大大降低。当父母心情焦躁、情绪欠佳时，往往会采用简单粗暴的方式对待孩子。所以父母要学会管理自己的情绪，夫妻之间多宽容、理解彼此，这样也能给孩子起到良好的榜样作用。

由于父母跟孩子的出生、成长、受教育的环境和时代不同，就导致父母跟孩子之间有代沟，许多认知无法相融合。所以父母想要进入孩子的世界就需要不断地跟上时代、提升自己的认知。父母对自己学习与提升的态度往往与重视孩子身心发展的程度成正相关。父母越是注重自己的学习和成长，就越重视幼儿身心的健康发展。家长的高文化素养会促使自己不断学习亲子教育方面的知识，用科学的方法和积极的态度教育孩子，跟孩子之间出现矛盾时，也会想办法解决，反省自己的教育方式。所以当亲子之间出现代沟时，接纳它的存在，冷静面对它，不要逼迫孩子顺从自己的想法，而是与时俱进，跟孩子一起成长。

当家长需要控制孩子、无法接纳孩子时，对孩子的信任感很低。这可能与家长在成长过程中的经历有关。家长可能本身缺乏对于社交关系的安全感。如果家长对自己所处的境况感到焦虑、不会处理压力等问题一直存在，家长就需要对自身的问题反思、觉察并解决，再用健康积极的态度面对孩子。

▍缓解冲突有技巧

家长为了跟孩子增进关系，经常会想到带孩子出游的方式。但是回家后可能会感叹："为什么没有起到什么效果呢？"在这个过程中家长其实有许多需要注意的。首先，要选择能让孩子接受的场地或活动。其次，询问孩子的意见，不要定好后再告诉孩子。第三点，安排好活动中的事项，不要让整个过程过于无聊。家长可以选择一些轻松、愉快的亲子游戏，但是在玩游戏时不要过于拘谨，也不要苛求孩子的表现。游戏时没有对错，批评孩子就违反了游戏的初衷。家长要力求跟孩子轻松地互动、进行有启发性的交流，每当孩子有什么表现时立刻回应孩子，不论正在进行什么步骤，都尽可能地与孩子进行言语上的讨论，避免嘲弄性的幽默，也一定不要去干扰孩子。

每个孩子在跟父母发生强烈冲突后都会这样问父母："你关心过我吗？"即使家长们每天为孩子洗衣、做饭，孩子也感受不到父母的爱，这是因为孩子注重的是关心、关注和沟通。父母爱孩子，却没有用孩子想要的方式来表达。爱的一个重要成分就是无条件接受。不能接受孩子的父母就无法让孩子感受到爱。在表达时，父母首先要接受孩子，从内在和外在接纳、支持孩子，使用不同的表达方式，如准备礼物、拥抱、鼓励、赞赏等。

心理学家称一种现象为"黑暗效应"：在光线比较暗的场所，两个人约会更能增进感情，这是因为在黑暗的环境下，双方互相看不清对方的表情，就容易减少戒备感、产生安全感。在白天的时候，人们往往很注意自己的行为举止，无论面对任何人，总会把自己伪装起来，这是因为人具有自我保护机制。黑夜的时候，人们的感知力降低，人也有了一层伪装的空间，这时候人就能够展示自己的另一面，不用担心在意行为细节而产生距离感，双方因为地位、身份的差距而产生的压迫感也会降到最低，利于双方更加愉快地交流。这个效应可以说明环境对于沟通的重要性。当家长与孩子发生冲突后，需要通过良好的沟通来缓和亲子关系，环境就是一个家长可以利用的工具。不要在明亮的灯光下跟孩子道歉或谈话，也不要选择人非常多的地方进行亲密的沟通，可以选择能够让孩子放松、产生愉悦感的空间。一个较为私密、双方距离较近的环境下，更有利于家长和孩子增进感情、舒缓矛盾。

  理想的家庭有这样几个特征：彼此尊重、积极乐观、互爱互助、各担己任、允许不同意见、共同目标、沟通顺畅、分享快乐。孩子能与父母亲近，充满爱意、充满关注地保持稳定的联系；孩子的心理自主，能够提出自己的意见，隐私被尊重；父母能督导孩子的成长，制定适当约束行为的规矩，让孩子学会控制，同时自己的内心坚定，知道要如何教育孩子。在这样的家庭中，冲突滋生后也会很快枯萎。家长应该致力于打造这样一个家庭氛围，让孩子爱上家庭，爱上父母。

工具

亲子教育反思十问

1. 我和孩子一起度过了多少愉快的时光?
2. 我有没有主动关心孩子是否快乐?
3. 我是否支持了孩子的想法?
4. 当孩子需要我时,我是否第一时间出现在孩子面前?
5. 我上一次耐心倾听孩子说话时什么时候?
6. 当孩子批评我时,我有没有接受并反思?
7. 当我是个孩子时,我愿意让父母知道我所有的隐私吗?
8. 当我拒绝孩子时,孩子是否感到很难受?
9. 当我对父母感到难过时,我希望他们是什么表现?
10. 如果我是一个与众不容的人,我希望他人怎么看待我?

作业

家长向孩子讲述一些自己童年时期发生的事情,坦率地说出自己做错的事、出糗的事、有趣的事。

模块四 家庭、亲子关系与儿童心理发展

第 2 节　亲子沟通：孩子什么事都不愿意跟家长说，怎么办？

案例 沉默的孩子

> 小惠妈妈：每天孩子回家，我都问她在学校发生了什么事，心情咋样，她总是用两三个字回答我，接着她就把自己关在房间里，我觉得我已经做得很好了，她为什么这么冷漠、这么拒绝跟我谈心呢？

　　孩子是否愿意跟家长沟通，确实跟孩子的个性、习惯有一定的关系，但核心的问题在于亲子关系。我在跟孩子深入交流之后，发现孩子并不是不愿意沟通，而是认为沟通没有用，过往与妈妈的交流让她一次次地失望，导致她不想再尝试。她举了一个例子：当妈妈问她在学校的情况时，她说出了她的苦恼，希望妈妈能给她一些安慰，但妈妈却反问她："这种小事情有什么好苦恼的？你为什么不把注意力放在学习上？"久而久之，她熟悉了妈妈的聊天方式，认定了无论自己说什么，都会得到妈妈负面的评价，沟通更像是妈妈用来否定自己的工具，因此她才不愿再吐露自己的心声。

　　当孩子和家长出现了沟通不畅的问题时，家长可能会用一句话来概括："就是因为他 / 她性格不好"，其实其中有许多原因，不仅有孩子的问题，也有家长的问题，不仅有性格的问题，也有技巧的原因。改善亲子沟通，需要从多方面进行调整。如何清楚孩子话语中的意图、应该用什么心态沟通、沟通时可以使用哪些技巧，等等，这都是家长要学习的。

▶ 沟通不是我说你听

　　沟通姿态是萨提亚（美国著名家庭治疗师）家庭治疗理论中的重要理念。在家庭中，想要维护好良好的家庭关系，让家庭成员保持身心健康，家庭中的各个成员就都需要保持良好的沟通姿态，它会影响关系的健康程度。良好的沟通能够维护关系、保持关系、让关系升华。

　　沟通中有三个要素，自我、他人、环境。自我要素代表着，在沟通时，说话的人需要注意自己的感受、觉察和表达。只有把自己的话表述清楚，自己的心情才能不焦虑，对方才能够接收到完整的信息，理解传达者的真正意图。在这个过程中，家长要练习识别自己的情绪，并真实、冷静地表达自己的情绪。如果自己没有说清楚，传递的信息是有误的，对方接收了错误信息，最终就会出现沟通不畅的问题。沟通时，说与听都很重要，"听"不仅是要听对方说什么，也要听自己说了什么。当家长说出"你怎么不早点回家？"时，如果家长能听到自己说的话，并考虑到对方的感受，意识到自己是在指责对方，想到对方听了之后会难过，也就会尽快停止这样的表达。如果无法正确表达自己的想法，很容易将委屈的情绪传达为愤怒和攻击。

他人要素代表着对方的情绪体验、对方是否感受到被保护、对方的表达是否被读懂。有时我们听别人说话时只听表面的意思，很容易过于在意话语中的情绪，而忽略了对方的真实感受。都说天下没有不爱孩子的父母，父母跟孩子之间难以交流，有许多时候是父母没有听懂孩子的话。其实孩子很渴望父母懂自己，尤其是懂自己的话外之音。父母只有认真听孩子说的话，并揣摩、分析孩子的心理，说孩子想听的话，孩子才会愿意跟家长交流。

　　环境要素代表着沟通的情境。人们常说：家不是讲道理的地方，这是因为家庭中的感情和关系会让人对自己所说的内容进行选择。当家长带着孩子来到我的面前，并开始数落孩子时，我会先劝停家长，因为当众批评孩子一方面没有顾及孩子的感受，另一方面没有顾及环境对沟通效果的影响。

　　当三个要素都能顾及时，沟通过程就能顺畅地进行下去，达到自己期望的效果。萨提亚认为好的沟通姿态是表里一致的沟通、充分地表达。她总结出了几种错误的沟通姿态：指责型、讨好型、超理智型、打岔型。

　　"指责型"是指一种不顾及对方的沟通姿态。当家长感到愤怒时，常常会攻击孩子："你怎么又把东西搞乱了，你的房间就像猪圈一样吗？"这时家长发泄了自己的情绪，但是没有考虑到孩子听了这些话后，自尊心和自信心会受到伤害。家长可以这样说："我看到你的房间有些凌乱，请你去把房间收拾一下。如果清理过程中遇到困难，可以向我求助。"很明显，这样表达孩子会更愿意跟家长沟通。指责型的家长需要尽量减少以"你"为主的语言，多体会孩子的感受，并注意环境的影响。

"讨好型"的典型语句是："只要××开心，我怎么样都可以。"讨好型的孩子很喜欢与同学们分享玩具和零食，当自己有委屈时会隐藏起来，自己消化。讨好型的家长和孩子在心态上有一点不同，孩子认为自己的付出是自愿的、开心的，并不是在故意讨好别人，而成年人知道自己是在故意讨好。讨好型的孩子在长大后也会忽略自己的感受，指责型的家很长容易培养出讨好型的孩子。当家长在看到孩子在友情中表现出"讨好型"姿态时，家长可以跟孩子聊天，引导孩子慢慢意识到，如何在友情中互惠互利。讨好型的家长容易溺爱孩子，导致孩子放纵行为，比如犯过重大错误的父母；常年离家、对孩子心怀愧疚的父母；有严重瑕疵的父母；管不住孩子的家长；夫妻关系不愉快的家长都可能会用讨好型的姿态跟孩子沟通。当孩子感受到自己被讨好后，知道即使自己做错了事情，父母也不会批评自己，慢慢就会在家中"无法无天"。

"超理智型"沟通姿态也是一个不良的沟通姿态，它的特点是：既不顾及自己，也不顾及对方。如，妈妈带着孩子在逛街，妈妈告诉孩子：我们不能再买玩具了，因为专家说过，在孩子十二岁之前最多只能拥有五个玩具，买多了孩子会被宠坏，变成一个坏孩子。这让孩子非常难过，哭泣不止，但妈妈反复重复专家的话。这样超理智的沟通姿态让妈妈无法传达出自己的心情，也没有传达出对孩子情绪的照顾。把自己的愤怒压抑住了，让自己显得权威、冷静、客观，但压抑的情绪不会让沟通变得更好，因为孩子没有感受到真实的情绪，同时孩子的情绪也仿佛没有被重视。由于这样的家长经常跟孩子讲大道理，用机器人的说话方式跟孩子沟通，而孩子非常感性，需要处理情绪，所以超理智的沟通通常不会起到好的效果。

"打岔型"是对三个要素均不顾及的沟通姿态。当孩子的需求经常被忽略，自己的信息发出后并没有起效，孩子就容易呈现这种攻击姿态。指责型的家长还会培养出打岔型的孩子。当家长批评、贬损、指责孩子，孩子为了保护自己，选择不听，慢慢就会形成习惯，把家长所有的话语都当成是批评来过滤掉，家长无论说什么孩子都不听。或是当家长攻击孩子时，孩子会立刻反击。对待打岔型的孩子，家长可以多呈现出几次正面的沟通、多鼓励孩子几次，积累孩子的信任，耐心地改善孩子不愿听话的情况。

阿伦森效应

美国社会心理学家艾略特·阿伦森发现，人的心态会随着奖励增加而开心，也会随着奖励减少而沮丧，这个奖励不只是物质奖励，也包括精神奖励。有一个很有趣的例子：在一栋宿舍楼后，停放着一部坏掉的汽车，宿舍里的孩子们每到晚上7点多，便聚在一起玩耍，还爬上车厢乱蹦乱跳，跳得车总是发出震耳欲聋的响声，但是孩子们不亦乐乎。很多大人们出来阻止他们，但越是阻止，孩子们蹦得越欢。直到一位老人出现，老人对孩子们说:"小朋友们,你们看起来真厉害,我愿意拿出我的钱让你们来比赛,谁蹦得最响,我就奖励谁一支玩具手枪。"孩子们欢呼雀跃,争相蹦跳,最后老人没有食言,果然蹦得最响的得奖了。第二天,这位老人又来到车前,让孩子们继续比赛,孩子们兴趣盎然,老人说:"今天的奖品是两粒奶糖",孩子们一看纷纷不悦,第一天跳得厉害的那些孩子都离开了,剩下的孩子进行了这次比赛,声音稀疏了很多。第三天,老人又对孩子们说:"今天继续比赛,但奖品只有二粒花生米。"原本在车上跳着的孩子纷纷跳下汽车,说:"两粒花生米?那我才不要跳呢,真没意思,我要回家看电视了。"

在这个例子中,老人智慧地运用了阿伦森效应,让孩子们对坏行为的兴趣逐渐消失。家长在跟孩子沟通时也可以使用阿伦森效应,比如想要夸孩子的时候,可以先说一些平常的事情或是提出孩子的一些小缺点,再一点一点地夸孩子,逐渐增加程度,孩子就会越来越开心。当批评孩子时,可以先说出孩子做错的事情和缺点,再说出孩子表现好的地方,以夸孩子来结尾,这样孩子的心态会更加稳定,更能接受自己的错误之处。

沟通小技巧

孩子最渴望得到的就是父母的肯定与表扬,但是很多家长不知道该如何表扬孩子。如果家长表扬孩子的时候说:"你真棒!""你真厉害!""你真是一个好孩子!"等等,孩子听到这样的表扬之后并不知道家长在表扬自己的哪个方面,听起来家长并没有认真关注孩子的行为。或是当家长工作繁忙时，为了跟孩子显得亲近一些，只能用这样的短句来夸孩子。其实这样的表扬多了，对孩子毫无意义，反而让孩子疑惑。表扬孩子的话语需要真诚并具体，具体到孩子做对了哪些事情，如："你今天有帮助爷爷奶奶拎背包，这个行为真棒！这是一个孝顺的行为，我非常喜欢！"把夸奖具体化之后，孩子不仅会更加清楚哪些行为会得到正面的反馈，还会感受到家长的真诚和关注，好的行为就更可能持续保持下去，这才真正起到表扬的作用。

批评孩子时也需要具体，不能因为孩子做错了一件事，家长就说出否认孩子全部的话，如："你真是个坏孩子""你太不懂事了""你一点都不爱学习"等，这样的话并不能让孩子清楚自己错在了哪里，对孩子的自尊心和自信心都会产生巨大的打击。孩子虽然小，但是也有一定的判断能力。当批评细化到具体的事情时，家长跟孩子讨论具体的事情，孩子也更容易心服口服，改正起来也更加容易。

家长在跟孩子沟通时，经常是跟孩子提出问题，如："你怎么还不去写作业？""你能不能理解一下爸爸妈妈？"孩子听到这些话后感受到了自己被指责，但是仍然手足无措，不知道如何去做，因为家长并没有提解决方案给孩子。比起骂孩子一顿，不如告诉孩子如何能更好地解决问题。家长也不要每次跟孩子说话时，或每次使用疑问句时都是在批评孩子，这样会让孩子害怕回答父母的问题。

沟通时家长一定要避免感情勒索的语言。有时候孩子对家长提出了一个期望，家长无法达到，便恼羞成怒，开始埋怨孩子，表达出强烈的感情勒索，对孩子说："我为了你才这么辛苦！""我付出了这么多，你都不知道感恩吗？""都是因为你的出生，我们家经济才这么拮据！"这些话让孩子不敢再提要求。也有家长希望孩子感恩自己，于是对孩子反复强调自己的辛苦和付出，这也是在对孩子进行感情勒索，或称感情绑架。家长把过多不顺利的事情归因到孩子身上并传达给孩子，这对于孩子来说是无比沉重的压力，孩子在家长的权威下不能反驳，而孩子又不清楚自己究竟做错了什么，时而心怀愧疚，时而怨恨家长对自己说这些话，内心产生强烈冲突。所以家长既要真诚地表达，又要照顾孩子的感受，避免说出一些伤害孩子的话。

　　跟父母说话时经常被打断的孩子，会渐渐在家庭中沉默不语。很多时候，父母总是急着表达自己的观点，不让孩子把话说完，一看孩子想要说话就以不许顶嘴的名义先制止了孩子，或是明明孩子说出自己的一件事后，正在等待家长的响应，家长却说起了另一件事，这不仅打断了跟孩子的沟通过程，还阻断了孩子的思路，孩子并没有从家长处获取思维的拓展。家长轻易地说出："大人说话，小孩不许插嘴"这样的话时，孩子就会想要永远地放弃在家中发言的权利。要想让孩子多说话，首先家长要尊重孩子，给孩子表达的机会，甚至创造与孩子沟通的机会，倾听孩子说话并给予反馈，允许孩子表达出不同的意见。

　　许多家长喜欢说反话，以此来维护自己在孩子面前的权威，

模块四　家庭、亲子关系与儿童心理发展

虽然权威守住了，孩子却不愿再开口了。这样并不划算，没有做到坦诚相待，这样孩子也会养成说反话的习惯。维持权威，可以循循善诱，以理服人，如果连跟孩子正常交流都难以做到，孩子如何能佩服家长呢？

沟通不仅能用语言，肢体语言也特别有效。人们在交流时，百分之九十的讯息是通过无声的肢体语言达成的。肢体语言能够传达出话语难以传达的情感和态度。当孩子对家长说话时，家长千万不要看着其他的东西，或是走来走去，这样孩子会认为家长不重视自己，心里难免会失落。在跟孩子沟通时，家长要稳定地看着孩子的眼睛，最好是能跟孩子平视，从眼神中传递出"我全心全意地关注你"的信息，倾听时经常对孩子点头和微笑，身体姿势放松地朝向孩子。当孩子表达出难过时，家长可以拍拍孩子的肩膀，当孩子担忧时紧握住孩子的手。这些身体语言都可以帮助家长跟孩子交流。

俗语讲：说者无心，听者有意。家长对孩子说的话就如同瀑布一般：在上游时平平静静，流水悠然，落下后气势磅礴，溅起轩然水雾。家长在沟通时的一句话可能会让孩子终生难忘。这需要家长掌握三个沟通要素，注重沟通姿态。家长想要跟孩子顺畅地沟通，可以先了解孩子在沟通方面的喜好，观察孩子的沟通姿态，并思考为什么孩子会形成这种攻击姿态，使用适当的沟通技巧。如果实在难以开口，还可以使用书信、微信、邮件等方式传达爱意。只要父母愿意付出努力，一定能打开孩子的心扉，和孩子更加亲密。

工具
亲子沟通锦囊

有利于亲子沟通的一百句话				
1	这件事做得好	27	你很努力
2	这个主意好	28	你有很多优点，比如……
3	这个建议真不错	29	你是很棒的
4	我喜欢你这个动作	30	你不需要和别人相比
5	这句话说得好	31	你是独一无二的
6	这件事干得漂亮	32	爸爸妈妈很欣慰
7	这个行为很不错	33	有你爸爸妈妈很幸福
8	你的情绪我看到了	34	我们的家庭是最棒的
9	这个杰作是你创造的吗？	35	我们家多么幸福啊
10	真是一幅佳作	36	感谢你的帮助
11	真是我的好孩子	37	我爱你
12	太妙了，我怎么没想到呢	38	我理解你
13	你的创意好多呀	39	这是有史以来最好的
14	今天已经很棒啦	40	这是你进步最快的一次
15	我看到你很努力	41	我知道你已经付出努力了
16	我以你为荣	42	你已经可以独当一面了
17	实在太好了	43	相信你的能力
18	再试试看	44	你是最特别的
19	就是这样	45	对不起
20	看吧，你可以的	46	我真不该那样做
21	你想出了办法	47	我应该尊重你
22	你一定能行	48	请你原谅我
23	今天比昨天做得更好了	49	我们会更好的
24	看，在你的手里很容易	50	爸爸妈妈也要进步
25	我喜欢你这么认真	51	不要紧
26	你很聪明	52	别害怕

模块四　家庭、亲子关系与儿童心理发展

（续表）

有利于亲子沟通的一百句话			
53	没关系	77	和你在一起真开心
54	我相信你	78	进步很快哦
55	下次你可以更好	79	表现得不错
56	下次改正就好	80	越来越好了
57	爸爸妈妈为你骄傲	81	继续加油
58	对了，就是这样	82	我知道你能做到
59	我来帮你	83	感谢有你
60	这就对了	84	是你让今天如此开心
61	你一定练习了很久	85	没有人是完美的
62	今天辛苦了	86	没有出错，很棒
63	你不开心了对吗	87	没关系，还有下一次
64	我希望你高兴	88	这很适合你
65	你可以办到的	89	你今天真漂亮
66	你明明做得很棒	90	你今天看起来很精神嘛
67	真不错呀	91	你已经很有把握了呢
68	谢谢你	92	这让我很惊喜
69	多亏有你	93	有你的家庭很温馨
70	幸亏你在	94	爸爸妈妈很想你
71	学得真好	95	谢谢你指出我的错误
72	看你的了	96	家庭永远需要你
73	我们真的很开心	97	爸爸妈妈是你的后盾
74	你们都很好	98	没有人能强迫你
75	我不会忘记你的优点	99	你是安全的
76	我相信你可以控制	100	你喜欢，我就开心

作业

爱的信件

给孩子写一封传达爱的信件，内容尽可能多地使用《亲子沟通锦囊》中的话语，并在孩子看完后获得孩子的反馈。

第3节 亲子关系：能和孩子成为朋友吗？

案例 爱去别人家的孩子

> 阿祥妈妈："他特别爱去邻居家玩，跟邻居家的阿姨什么都能聊，比跟我关系还好，我有时候看了有点嫉妒，我该怎么办呢？"

▶ 我们是好朋友，拉钩！

想要跟孩子做朋友，首先要走进孩子的内心。在咨询中，我问阿祥妈妈："邻居家的阿姨身上有哪些讨人喜欢的特征呢？"阿祥妈妈说："她的笑容很灿烂，声音很洪亮，不管每个人和她说什么，她都能接上话，整体给人感觉很温暖。"我又问阿祥："你为什么喜欢在邻居家玩呀？"阿祥说："我可以跟他们一起玩跳舞机，还有很多好玩的东西。邻居阿姨还教我弹吉他，比在我家里开心多了。我妈总是板着脸，我喜欢的她都不喜欢。"原来阿祥很喜欢音乐，但是阿祥妈妈总认为兴趣爱好会影响学习成绩，萦绕在阿祥耳边的总是一句："快去学习！"但是在邻居家，阿祥就不用担心这一点。阿祥妈妈听完阿祥所说的，陷入了沉思。

成为孩子的朋友，说起来容易，做起来难。许多家长在自己社交时可以交到许多朋友，对每个人都是笑意盈盈的，但一面对孩子就眉毛一皱、嘴角下拉，孩子害怕得想要躲起来，怎么敢跟家长做朋友呢？

想要跟孩子做朋友，前提是要有一个稳定的家庭环境，夫妻之间关系稳定。如果一方父母跟孩子做朋友的目的或成为朋友后的结果是另一方被孤立，那么朋友关系就建立在了对付第三方的基础上，这并不属于一个稳定的关系。

当家长跟孩子做朋友的时候，要让孩子知道，虽然是朋友关系，在很多事情上孩子可以跟父母有讨论的空间，但是在更多重要事情上，父母拥有一票否决权，不需要每件事情都和孩子讨论。家长需要掌握自己在亲子关系中间的主导地位：既要跟孩子亲近，又不能让孩子觉得自己是一家之主。孩子不可以质疑父母做的所有决定、推翻家长想做的事情。当孩子本来没有预期时，如果父母随意地开了这个窗口，再想要关上就是很难的事。不要为了成为朋友而让家庭丧失了纪律感。

▶ 信任之树需要小心栽培

信任会带给孩子力量。当孩子遇到挫折时，家长的信任可以让孩子鼓起勇气，积极对待。如果家长不能信守承诺，跟孩子承诺过的事情总是因各种缘由推脱，那么孩子就不会再对家长抱有期待、不再信任家长，甚至会从道德上评判家长。所以家长需要重视孩子对自己的信任，小心地维护它。空头支票一定要少开，该给孩子的奖赏就要做到，不能做到就不要轻易许诺。如果是因为一些其他原因而产生误会，要及时跟孩子解释，消除误会。

朋友之间是会分享秘密的，所以家长不要总是让孩子觉得自己被隐瞒，也不要说："我是大人，你是孩子"这样的话，这是在跟孩子划清界限，把孩子和自己从身份上分割开来。

有一些家长会对孩子表示出："我们是朋友，你什么事情都可以对我说。"但是当孩子说出来后，家长却批评孩子，对孩子所说的感到不耐烦，这就让孩子不得不对父母说的话产生质疑。当家长跟孩子产生冲突的时候，不要拘泥于自己的"大人"身份，当自己犯了错误时，及时向孩子承认错误。无论是谁都会犯错，只要伤害了对方的情感，就应该跟对方谦卑地道歉，好朋友之间更是如此。

对待孩子说的话要认真。有时家长面对孩子的提问，觉得这只不过是孩子一时的心血来潮，有时间自己就回应，没时间就忽视掉。如果家长经常敷衍了事，慢慢地孩子就不会再把自己的事情和盘托出，因为孩子知道家长不会把自己的事情放进心里。如果孩子的需求总是被忽略，这份友谊自然就会慢慢变淡。孩子喜欢的事情、讨厌的事情；喜欢的做法、讨厌的做法；喜欢的人，讨厌的人，等等，这些孩子的喜恶家长都要记在心里，这样家长才能跟孩子有话可聊，不会无法接话或是"把天聊死"。父母如果不知道如何回答，既不要沉默不理，也不要随随便便打发孩子，可以引导孩子主动寻找答案。这样既能保护孩子的求知欲，又会激发孩子的创造力，孩子会跟家长分享更多自己天马行空的创意。有时孩子需要的不是答案，而是跟父母一起思考的过程。

家长要想跟孩子建立亲密的关系，还需要重视与孩子相处的点点滴滴，从小事中发现孩子的优点、发现生活的美好。陪伴孩子不仅需要时间，也需要用心。家长不仅要让孩子开心、教孩子道理，还要站在孩子的角度思考，想孩子之所想，满足孩子的心理需求。父母与孩子之间产生误解，通常就是因为双方都是站在自己的立场想问题，没有为对方思考。一旦互换了想法，误会自然就会消除。

想跟孩子像朋友一样交流，父母可以做那个先提问的人。当孩子不想倾诉时，父母可以应用"登门槛效应"。"登门槛效应"又称"得寸进尺效应"，是指一个人一旦接受了他人的一个微不足道的要求，为了避免认知上的不协调，或为了给他人留下前后一致的印象，就会自动克服内心的阻抗，接受对方更大的要求。犹如登门槛时要一级台阶一级台阶地登，这样能更容易更顺利地登上高处。如果父母单刀直入地问孩子的内心想法，孩子可能会十分敏感和抗拒，更加封闭内心。所以父母可以先问孩子一些简单易答的问题，让孩子逐渐回答得越来越多，像登门槛一样逐渐开放起来。在提问的时候还可以应用"禁果效应"。在古希腊神话故事中，有位叫潘多拉的姑娘从万神之神宙斯那里得到了一个神秘的盒子，宙斯严令禁止她打开，这就激发了姑娘的冒险心理，非常想要打开盒子一探究竟。终于有一天她没有忍住将它打开了，于是灾祸由此飞出，充满了人间。

这个故事阐述了"禁果效应",从中可以研究吸引的技巧。"吊胃口""卖关子"之所以吸引人,就是因为听者对信息的完整传达有着期待,一旦关键信息在听者的心里形成了空白,这种空白就会让听者的内心产生强烈的召唤,开始请求信息的补充,达到完整效果。这种"期待—召唤"结构就是"禁果效应"存在的心理基础。"禁果效应"与两种心理有关,一种是好奇心理,一种是逆反心理,这两者都是人类的天性使然。人们倾向于对自己不了解的事物产生好奇,而逆反是基于人们对挣脱束缚、追求自由的渴望。面对"被禁"的事物,人们首先会产生好奇:这种事物为什么"被禁"?它是否真的会对我们产生危害?如果这种好奇得不到解决,人们就会打破砂锅问到底。所以家长在吸引孩子兴趣、引导孩子开口时,可以对孩子说:"我有一个秘密,你想不想听?"或是在说到关键处时戛然而止,这会非常吸引孩子继续听下去。

在现实生活中,禁果效应也是屡见不鲜的,对于不希望孩子做的事情,家长应该降低禁果效应的强度。越是阻止孩子做什么,孩子就越想做。

朋友之间常常能互相分享。当家长遇到一些有趣的事情时,如果能积累下来,等跟孩子在一起时说出来跟孩子分享,一定能带给孩子很多快乐。当家长难过的时候也可以和孩子谈谈自己的内心所想。工作内容、生活琐事和喜怒哀乐都可以跟孩子分享。也许孩子未必能理解家长所说的内容,但是倾听过程能让孩子有了解家长的机会,在家长真诚的表达后,孩子也往往会同样地敞开开心扉。当孩子跟家长分享自己的偶像时，家长千万不要对这个偶像指指点点。嘲笑孩子的偶像比嘲笑孩子自身还要让孩子愤怒和激动。不论是人、事还是物品，凡是孩子喜欢，其中都是有原因的，家长可以去了解孩子为什么喜欢，对孩子多鼓励，千万不要因为自己不喜欢，或是因为自己的偏见而去阻拦或嘲讽孩子。如果孩子的爱好对孩子已经有十分不利的影响，如沉迷游戏、伤害身体健康，家长就需要进行干预。

幽默的家长能给孩子带来欢乐，让孩子喜欢。幽默可以是机智、自嘲、调侃、风趣等表现，有助于消除敌意、缓解摩擦、防止矛盾升级。富有幽默感的家长能让家庭中时时充满快乐，也能培养出有幽默感的孩子。小白因为摔倒而哇哇大哭，小白妈妈走到小白面前做出认真翻找东西的样子，小白的注意力被妈妈转移，抽抽噎噎问妈妈，你在找什么。小白妈妈认真地说：我再找个水晶碗装你哭出来的金豆豆，去小卖店换好多零食吃呀。小白听了破涕为笑。

美国科罗拉多州的一家公司通过调查证实，参加过幽默训练的中层主管，在9个月内生产量提高了15%，而病假次数则减少了一半。所以幽默不仅非常有助于亲子关系的提升，还能帮助孩子变得积极向上。当孩子犯错时，幽默可以缓解孩子的紧张，让孩子易于接受父母的教育，减少逆反心理，削弱孩子的抵触情绪。虽然有句古话：良药苦口利于病，但是孩子更愿意吞下包层糖衣的药片。幽默不仅是一种生活态度，也是高超的育儿方式。幽默需要家长从生活中寻找快乐点，享受生活。

幽默也需要家长具有良好的心理素质，同时注意自己的语言，思考如何使语言更富有生趣。

跟孩子做朋友可以一起去做好玩的事情，丰富的家庭活动可以在不知不觉间让孩子的话语滔滔不绝、舒展笑容。比如做陶艺、读绘本、郊游、做手工等等，在互动时，父母可以从活动中提取人生哲理和经验传授给孩子，这不仅不会让孩子反感，还会让孩子感到十分有趣。平时家长多寻找一些能跟孩子合作的事情，这会让孩子感到与父母在一起的时光快乐无比，家长也就能住进孩子的心灵中，成为孩子不可或缺的好朋友。

工具

名称：我知你心

使用方法：当家长跟孩子产生误会时，家长跟孩子彼此都重复对方所说的一段话，在重复的过程中感受对方的情绪和想法。

作业

和孩子一起列出各自的兴趣清单，写下自己感兴趣的事，一边写一边夸赞孩子，找到跟孩子的共同兴趣方向。

模块五

儿童的自我认同发展

第一章
儿童的自我认同发展

第1节 儿童的自尊心建设

案例 无所谓的孩子

> 阿正：9岁
>
> 　　阿正妈妈：孩子他爸以前总是在院子里当着好多邻居的面管教孩子。有时候还会当众抽孩子耳光。现在孩子越大越难管了。骂他他嬉皮笑脸，打他他也无所谓。在学校里也是，无论谁说他什么不好，他都当没事儿人是的。我感觉他现在油盐不进。

　　阿正的身上，出现了多种低自尊者的表现。自尊是指个体在生活体验过程中所获得的有关自我价值的积极评价和体验。孩子的自尊心在三岁左右开始萌芽。随着孩子身体素质、智力、社会技能和自我评价能力的提升，自尊心也得到发展。低自尊者会对自己抱有阴郁、消极的看法，认为自己是无能为力的。阿正不愿表达，是因为他认为自己说什么都是没有用的，沉默既是他抵抗外界的方式，也是缴枪卸甲的表现，他的心里不认可爸爸的批评，可是低自尊让他无力做出反抗，他对所有的话语都呈现出接受的姿态，但他的心里想的是："反正我就是这么差，你们爱说什么就说什么吧！"

▍适度的自尊是生活的必要条件

当今时代不论对成人还是对孩子来说都充满了挑战，这要求每个人必须锻造坚强的自我，清醒地认识自己，保护并提高自己的自尊。没有足够的自尊心，人的情绪和意志就不会稳定，内心常常会因为外界的变化而动荡不安。低微的自尊感是许多人产生匪夷所思行为的根本原因。许多问题令人困扰许久却无法解决，就是低自尊在作祟。自尊心就像树根，如果足够坚实，狂风暴雨过后树依旧能岿然不动。如果不够坚实，一阵风刮过，树就倒了。

低自尊的人想要获得别人的尊重是很难的，因此在社交方面会徒增许多挑战。关于自尊心，南怀瑾先生曾经说道："自尊心的反应应该是自重。"如果不会尊重自己，也就不能恰当地尊重他人。古人说，人自重而后人重之，意为只有自己先尊重自己，他人才能尊重自己。宰相公孙修很喜欢吃鱼，许多小官知道后，争相为他送鱼，公孙修都拒绝了。学生问公孙修此举为何？公孙修对学生说："如果我今天接受了这些鱼，便要看人脸色行事，而且这个行为违反了法律，一旦被发现，职位便会被撤掉，不就永远没有鱼吃了吗？再说，如果我接受了，日后更多人送鱼来，那我跟贪官有什么区别呢？我遵守法律，在宰相之职上拥有的鱼已足够自己吃了，为什么还要依靠别人呢？"说完后就命令那人把鱼带了回去。这就是历史上著名的"公孙修拒鱼"的典故。坚守本心未受人影响的公孙修，之后也为官清廉，深受百姓的爱戴，既尊重了自己、尊重了法律，也得到了众人的尊重。

▶ 我想成为向日葵！

根据自尊心的高低可以看出人对自身信念的坚定程度、对自己的认可程度和对别人看法的重视程度。低自尊意味着个体对自己的品质和价值持负面的看法，对自己的认可程度低于实际情况，常常认为自己不如别人，对别人的批评尤为重视。当有人批评低自尊者时，他们会突然发脾气，以此来掩盖自己被戳穿的慌乱。

低自尊者会有强烈的"表里不一致"的情况，即内心想的是"A"，实际表现出的是"B"。例如，他们对一些事情有自己的观点，但是当与别人交流时，他们会使用模棱两可的语言或完全赞同他人的观点来掩饰自己的真实想法，因此低自尊者常常用讨好别人来掩饰真实的自己。有一些低自尊的孩子的表里不一致表现在他们对别人的评价毫不在乎，这恰恰是为了掩盖心中的在乎。例如我的一位来访者小A，他总是在课堂上调皮捣蛋，打扰老师讲课、接老师的话，有时东张西望，有时干扰同学的注意力，故意让别人看到自己嚣张的一面。当老师批评他或同学指责他时，他一脸无所谓的样子。这是因为他非常渴望得到别人的关注，希望被老师、家长和同学认可。由于表里不一致，他们的内心常常充满矛盾，因为他们无法表达出自己的真实感受，同时他们也不能确定自己的感受是否是对的。

还有一些低自尊的孩子会逃避社交来避免被他人发现自己的"缺点"，这样的孩子在跟同学交往时较少表达出自己的观点，在面对老师和家长时，常用沉默或应允来应对。当自己犯了错误时，低自尊的孩子会立刻道歉，表达出深深地自责。极为注重自己是否给他人留下了好的印象。低自尊的孩子还会在课堂中表现出较少举手回答问题。因为自尊不足，他们无法坚定自己的立场，害怕自己的想法是错的，因此不敢当众发言。

低自尊者还会放大自己的缺点。跟他人聊天时，低自尊者总是会强调自己的缺点、强调生活中的消极状况，于是经常对朋友流露出负面的话语和情绪，这也会影响孩子的社交。低自尊非常影响孩子情绪的稳定性，尤其是当自己出糗时，低自尊的孩子会放大自己的尴尬、感到焦虑，并会长时间停留在负面情绪中无法自拔。

低自尊者由于感到自己不值得好的东西，常常会放弃或错失能够成功、提升自尊的机会，这又会反向强化他们的低自尊，形成恶性循环。这是因为自尊感会让人产生期待，这种期待会影响行为，最终使期待变成现实，而现实又会反过来验证、强化信念。所以，只有培养自尊心，孩子才能打破恶性循环，确认自己存在的价值，相信自己可以拥有幸福的生活并为之努力。

案例

> 小兰：10岁
>
> 小兰妈妈："小兰现在越来越说不得，一说就哭。前几天她在上培训班的时候大哭，整节课都在闹脾气，老师说她干扰课堂秩序，把我叫过去接她回家。原来是因为她上课困了，老师叫了她的名字，让她站起来清醒一下，她感觉太丢人了。"

小兰是一个自尊心很强的孩子，咨询后我了解到，小兰的妈妈经常带小兰去培训班学习，小兰会唱歌、会跳舞，长相也非常出众，在与人相处时，小兰自视甚高，总是夸耀自己。而只要别人批评她，或是在她想要表现时没有叫她，她就会十分不高兴，感到被攻击、被针对。过高的自尊心对孩子也是不利的，会引发孩子的负面情绪，不能保持平常心。

自负是孩子自尊心过高的表现之一，这样的孩子会通过贬低他人来抬高自己，或通过高调的言语和行为来让自己表现得优于他人，常常以自我的感受为主而不尊重他人，对弱者缺乏同情心，嫉妒心强，面临自己无法应对的挫折时会产生多种负面情绪，如哭泣、愤怒。

自尊心强的孩子会表现出很强的应激性，当受到批评后或感到被他人瞧不起后，会立刻做出强烈的反应，控制不住自己的情绪，无法忍受他人对自己的负面评价，不能客观对待他人的言语和行为，容易对他人产生敌意。这种心态严重情况下会让人出现反社会行为，许多犯罪者出现犯罪行为都是由于此类应激。

自尊心过高的孩子还会经常给自己施加压力。即使周围人已经认为他们很好了，他们仍然会不断给自己施压。这种压力在他们心理的承受范围内时，可以使他们更加成功，但是当他们达不到自己设定的期望时，压力就会吞没他们，让他们对自己感到非常失望，也因为如此，他们在面对失败时比他人更加沮丧，即使这种失败不是他们造成的，他们也会归咎于自己。

有着健康自尊感的孩子不会因为自己有不足之处而苛责自己，也不会因为自己的长处得意忘形，能够谈论自己的失误而不感到被别人贬低，在谈论自己的优点时不感到是在自我炫耀。他们在社交时，语言、行为会自然流露，既不面露难色，也不神情张扬。他们能够诚实、直接地谈论自己的想法，并考虑他人的感受。在对待新的思想和情况时，他们能够开放心态、积极适应。在面对机会时，他们既不觉得自己不值得拥有机会，也不会认为自己最值得拥有机会。他们的表情通常是自然的，状态朝气蓬勃，身体笔直而放松，声音坚定、语句清晰。

▶ 有土壤，向日葵才能生长

影响自尊心的因素有很多。父母的教养方式对孩子的自尊心有很大的影响。敌意型和焦虑型的教养方式会压制孩子的自尊心。表里一致的沟通也能够增强自尊心。当家长能准确传递对孩子的感受，孩子也就能更清晰地认识自己。指责型的家长会因话语中的攻击降低孩子的自尊，超理智型的家长因其对孩子感情的忽视，也会打击孩子的自尊心。

许多孩子的自尊心慢慢降低并不是家长不想培养，而是家长并没有发现。因为低自尊并不像情绪那样容易表露出来，低自尊往往隐藏在许多杂乱行为的表象之下，即使家长发现了苗头，也总认为"这算什么，还不需要着急"，然而低自尊感并不会消失，孩子的内心无法置之度外。

自尊无法与自我效力割裂开。自我效力是指自己使用知识、能力来实现价值的过程。通过自我效力的过程，孩子可以获得成就感，这种成就感会让孩子在面对挫折时给予孩子力量，让孩子看到自己的能力、重视自己的思维，相信自己具有做好事情的能力。当孩子自己能够给予自己足够的自尊时，就不会过于在意他人的评价。他人的评价对孩子的自尊心会产生影响。孩子在年幼时自我效力的机会不够多，会大量通过外界的反馈来了解自己，当他人对自己的评价偏正向、积极，孩子的自尊心就会增强。因此，一方面家长要注意外界评价对孩子的影响，另一方面需要多创造让孩子实现自我效力的机会。为孩子创设自我效力感。当孩子做事情时，家长要反复给孩子提供成功的可能性，增多孩子成功的体验。许多家长喜欢让孩子参加各种各样的比赛，跟其他的小朋友竞争。当家长让孩子进行挑战时，需要先预想孩子失败的概率有多大。避免当孩子反复体验失败后，自我效力感降低、自尊受到打击。

在纳撒尼尔·布兰登博士为人们如何提高自尊心提供了指南，他认为自尊有六大支柱，分别是：有意识地生活、自我接受、自我负责、自我维护、有目的地生活和个人诚实。提高孩子的自尊心，家长需要在教育孩子的过程中帮助孩子形成这六大支柱，并作出相应的行动。而在此之前，家长要培养自己的自尊，用亲身经历给孩子作出榜样，对孩子的言行、举止不要抱着过高的期待、选择能够保护孩子心理健康的教养方式，使用良好的沟通姿态，关心孩子、重视孩子的自尊心建设，让孩子体会到家长对自己的信任和尊重，建设一个有爱的、安全的环境，让孩子基于此来建设内心，逐步提高自尊。

家长还需要注意的是，不要嘲讽孩子，也不要当众批评、教育孩子，给孩子表达的机会，允许孩子表达出自己的想法，鼓励孩子对未来的生活充满信心，当孩子因在意他人的评价而自责时，让孩子知道别人的评价并没有那么重要。当家长不小心伤害了孩子的自尊心时需要给孩子道歉。当生活中的其他人对孩子有语言或行为上的不尊重时，家长要及时地站出来维护孩子。当孩子为了保持在他人面前的好形象而表现出欺骗性的语言或行为时，家长要提醒孩子不必假装，帮助孩子觉察自己的行为和感受。当孩子犹豫不决或将决定权交给他人时，家长要告诉孩子："你可以自己做出决定。"

总体来说，提高自尊是一个长期的过程，需要不断进行调整，在教育孩子的过程中，家长可能会反复面对孩子的过低或过高自尊的表现，这是正常的情况，家长要耐心对待、多给孩子一些时间。

工具

自尊二十言

使用方法：家长带着孩子一起朗读这二十句话。

1. 我为自己的行为和选择负责。
2. 不论我是否失败，我都值得被爱。
3. 做好事情，就能拥有快乐。
4. 我主宰我的人生。
5. 我相信没有人是完美的。
6. 我知道不同的人有不同的观点。
7. 其他人的想法与我的价值无关。
8. 我拥有目标并愿意付出行动。
9. 我为我的优点感到骄傲。
10. 我尊重自己，也尊重他人。
11. 我可以战胜挫折和恐惧。
12. 我对自己来说极为重要。
13. 我是可爱的。
14. 我是可敬的。

15. 我应公平、正直地对待他人，他人也应该公平、正直地对待我。

16. 我要礼貌地对待他人。

17. 我相信我的判断。

18. 只要坚持，我就能解开疑惑。

19. 我能够应对生活中的挑战。

20. 我有权犯错误，这是我学习进步的一种途径。

第 2 节　儿童的自信心建设

案例 缺乏自信心的孩子

> 思思在咨询时看起来是比较胆怯的，说话时不抬头看人，眼神闪躲。平时在学校害怕与同学、老师交流。归结原因，是出于缺乏自信。在思思的印象中，父母总是数落自己，所以思思认为自己各方面的能力都不如同学们。

研究表明，自信的孩子更能主动地与人交往，大胆地尝试新事物。自信是孩子对自身能力、自我发展的肯定，是一种重要的个性心理品质。对儿童来说，发展自信心是成长过程中的重要任务。如果这一任务完成得好，孩子就会克服羞怯和疑虑，行动果断、性格开朗、富有活力。对于孩子来讲，缺乏自信常常是导致孩子性格软弱、厌学、回避社交的重要原因。孩子自卑时，内心常常是在否定自己，无论外貌、智商还是能力，都能让孩子对自己不自信。因此，父母更有必要在孩子成长过程中，帮助孩子建立适当的自信。

有些孩子看起来过于自信、自我膨胀，总是过于表现自己，这可能给周围其他小朋友带来不适。如果在对孩子的教育过程中，导致孩子盲目自信，将会导致孩子心理过于膨胀而脆弱，这样非常不利于孩子未来的发展。因此，家长就需要及早预防，注意家庭方面的合理引导。

▎别把内向当自卑！

自卑是指轻视自己，认为自己不如别人。自卑与自信是相对的。内向与自卑常常会被混为一谈，但其实二者有着本质的区别。一个孩子若是自卑，对别人的话语会十分敏感、多疑。当别人在谈论笑话时，孩子心理可能会想："他们聊得很开心，不会是在笑话我吧？"当同学间玩得很愉快，孩子可能会想："他们玩得真好，我无法融入他们，我真是个差劲的人！"对于新鲜的事物，自卑的孩子会因畏惧而不敢去尝试，因为担心失败后会被人笑话。而自信洒脱的孩子会很勇地去尝试，因为他们想的是："如果我成功了，大家都会喜欢我！"自卑会对人产生两种作用：一方面，自卑对人们的心理是有一定危害的，当人们希望自身进步和努力时，由于比较心理，人们不可避免地会产生自卑情绪，自卑情绪反过来又产生排斥、厌恶作用，不利于自身进步。另一方面，自卑心理可以使人对自身产生正确认识，加快弥补自身的缺点，对自己的成长有进步意义。

内向是孩子气质指向的一种，与性格外向相对，并无好坏之分。内向的孩子喜欢独处，感情深沉，做事不易冲动。内向的孩子也会有高度的自信，只是会比外向的孩子看起来更加谦卑，不易外露。

▌什么样的孩子容易自卑？

有些孩子从小就是被指挥着做事情，什么事儿都要听别人的意见。我经常发现很多孩子有这样的情况出现：当被问问题时，孩子会回答不知道，同时躲向爸妈身后，让爸妈来回答。这类孩子通常比较没有主见、害怕失败，缺乏自信心。

导致孩子不自信的另一个原因，就是家长对孩子要求标准过高。过高的要求有时会打击孩子的积极性。因此，家长所设立的要求与目标应考虑孩子的具体条件，而不是过于热衷于父母自身的愿望与利益。如果对孩子设置过高的期望与要求，当孩子不能实现目标时，孩子会因不能达到父母的要求而低落，对自己的能力感到怀疑，从而在根本上动摇对自己的自信心。倘若家长在孩子身上寄予不切实际的期望，会使孩子失去勇气，降低自信；相反，如果对孩子的要求适度，并及时加以鼓励，会使孩子充满活力和自信。孩子的成长是一个漫长的过程，不可能一蹴而就。设定期望是可以的，但是要根据孩子的实际情况来设定要求。

在要求孩子去做能力无法达到的事情时，要同时避免嘲讽、奚落孩子。完美主义者的妈妈，不但自己做事要求完美，对孩子亦如此要求，十分容易训斥孩子，譬如家长对孩子说："你都6岁了，这么简单的事都做不好，你不害羞吗？"所以，做事有板有眼的母亲，孩子反而常会有强烈恐惧失败的倾向。

孩子不自信还有一个重要原因就是家长总是在孩子成功时从外部找原因，应在孩子失败时从孩子身上找原因。比如，孩子在写作业时，房间里有人大声喧哗。这时孩子找到家长说自己无法专心，家长对孩子说："你就是找理由，你自己的专注力差怪环境，我小的时候可以在这样的环境中学得很好。"这样的话会让孩子很伤心，因为孩子并没有受到援助和支持，在日后孩子再面对失败时也会忽略环境的因素而全部责怪自己，这就会让孩子经受更多的痛苦。

大多数的父母都热衷于把自己的孩子与别人家的孩子比较。很多父母认为这样做能激励孩子向更优秀的方向努力，向更好的孩子看齐。但激励孩子的方式有很多，比较是最不明智的一种。被比较的孩子往往自信心会降低。孩子都希望自己在父母的眼里是最棒的，但是被比较会让孩子无法肯定自己在父母心中地位的稳固性。

心理学中的皮格马利翁效应告诉我们，对一个人传递积极的期望，就会使他进步得更快，发展得更好。反之，向一个人传递消极的期望则会使人自暴自弃，放弃努力。作为家长，怎么看孩子，孩子就会朝什么方向发展，负面的话语会使孩子非常不自信甚至自卑、孤僻。特别在孩子在成长的过程中，总是伴随着各种各样的错误发生。错误是进步的阶梯，大人们可以从错误中总结教训，避免下次犯错。但是对于孩子来说，他们缺乏基本的分析能力和判断力。孩子的承受能力非常脆弱，当众被批评会让孩子产生极其强烈的羞耻心，同时也会大大打击孩子的自信心。阿德勒是个体心理学派的创始人，他曾经说过："幸运的人可以用童年治愈一生，而不幸的人一生的时间都在用来治愈童年。"

当孩子犯错的时候，家长应该先了解情况，不要一上来就先指责自己的孩子，要给孩子解释的机会。批评孩子是为了帮助孩子变得更好，但这不是目的，只是一种教育手段。家长务必要正确对待，以免打击了孩子的自信。

▶ "虚假同感偏差效应"

"虚假同感偏差效应"通常指很多时候人们感到自信，但实际上不知道这种自信有没有根据，而且这并不会妨碍到人们的自信。通俗来说，人在与人相处时，总是习惯性地把自己认为对的信息强加到别人身上，认为别人也是这样想的。这种虚假同感偏差能让人们相信自己的信念、判断及行为的正确性，从而得到自信、自尊和自豪。当遇到和自己的认知不一致的信息时，这种偏差能让人们坚持己见。但与此同时，如果自己的认知本来就是错误的，人们就会做出错误的判断、选择和决定。当遇到与自己的想法相冲突的信息时，虚假同感偏差使人坚持自己的想法。

1977年，斯坦福大学的社会心理学教授李·罗斯进行了两项简单而有效的实证研究，证明了虚假同感偏差对人们的知觉和决策的影响。在第一项研究中，要求被试者阅读关于一起冲突的资料，并得知有两种对此冲突做出回应的方式。被试者需要做以下三件事情：(1) 猜测其他人会选择哪种方式；(2) 说出自己要做出的选择；(3) 分别描述选择这两种回应方式的人的特征属性。

实验表明，无论被试者选择了两种回应方式中的哪一种，更多的人认为自己和别人做出的是同样的选择。但实际情况并非如此。罗斯又发现了另一个有趣的现象：当被试者在描述和自己持不同意见者的特征属性时，和一个与自己有相同选择的人相比，通常人们认为那些和自己有着不同选择的人，或是与自己观点不一致的人有点儿不正常。

在教育孩子的过程中，许多家长会按照自己的想法来猜想孩子。孩子中有一句流行语："有一种冷叫作你妈妈觉得你冷。"这句话完美地印证了虚假同感偏差效应。也就是家长不要把自己的想法套在孩子身上。

▶ 如何培养孩子自信心呢？

当孩子缺乏自信时，家长通常会这样对孩子说："你要更自信一点呀！"这会让孩子更加沮丧。自信的培养不是喊口号，而是需要技巧。比如培养孩子的兴趣爱好让孩子在擅长的领域有所成就，以此激发孩子的自信心。培养兴趣爱好不能偏离孩子的兴趣，家长要积极去发现孩子的优势，让孩子从优势出发。孩子感兴趣的事情，往往会不厌其烦地反复去做。其次，父母和孩子沟通时，一定要站在一个平等的立场，听听孩子有何想法，多问孩子喜欢什么。这样会让孩子的生活变得丰富多彩，对未来充满期望和乐趣，大大提升孩子自信力的同时也对孩子的人生也有着积极的作用。

有些家长自己喜欢充满自信的感觉，也会同理认为孩子喜欢高度自信的状态，于是对孩子在自信方面产生了高期望，当孩子的想法跟自己不同时，家长就会因为心理上产生落差而爆发情绪，这可能反而会打击孩子的自信心。家长跟孩子虽然在一起生活，但是家长会逐渐发现孩子有自己独立的人格、喜好，想要培养孩子的自信，需要按孩子的喜好、人格、性格来发展，拔苗助长只会起到反作用。虚假同感偏差效应的合理使用能够增强孩子的自信心。但是这需要孩子更多地了解自己和他人，客观看待人与人之间的相同与不同之处。

每个人都会失败，J.K.罗琳曾被12家不同的出版商拒绝，直到一家出版商决定出版《哈利·波特》。莱特兄弟的成功也建立在无数的失败之上，最终才设计出一架成功的飞机。研究表明，那些经常失败并且坚持不断尝试的孩子，更有能力很好地处理挑战与挫折。在失败中，孩子们学会了怎样去尝试不同的策略，寻求他人的意见。因此，家长要考虑好想让孩子承受的挑战，让他明白那不是件容易的事，并且坦然接受自己将要犯的错，不断地让孩子在这个过程中善待自己，对自己加以鼓励，继续努力。好消息是，不管结果如何，孩子都将收获更多的知识和更深的理解，这就是自信。事实上，家长能够改变孩子的思维模式。在一项研究中，每当孩子们迫使自己走出舒适区，学习新知识，迎接新挑战的时候，大脑中的神经元会形成新的更强的链接，孩子就会变得越来越聪明。

不同年级孩子的自信有不同的发展规律。低年级的孩子更多的是从整体上评价自己，而高年级的孩子就能逐渐区分自己在不同方面的表现是不同的。一到三年级的孩子在发现自己没想象中的那么能干，经历挫折后进行自我评价时，自信就会降低。而四到六年级的孩子对自己的认识相对会客观一些，能意识到自己的优点和价值，自我评价和自信就会上升。

当面对挑战时，由于孩子缺乏自信，十分容易犯错误、走极端。在失败后往往难以面对。爱迪生发明电灯泡时，试过一千多种材料做灯丝，最后发现钨丝是最合适的。他经过了多次失败，但他的自信心让他没有被打倒。事物的发展是曲折前进的，不可能一帆风顺。家长应该让孩子了解这一点，教孩子正确地面对挫折和失败。当孩子为失败而沮丧时，作为父母要接纳孩子的情绪，允许孩子体验沮丧，陪孩子一起度过内心的低估期。不要批评和指责孩子，更不要纠结于孩子的态度。鼓励孩子、认可孩子，当孩子的状态恢复一些后，再协助孩子，聚焦孩子遇到的困难，帮助孩子来正确面对。积累小小的成就感和微小的成功，孩子的自信会像"滚雪球"一样越滚越大。

平时家长可以经常教孩子说这句话："我相信我可以做到。"以此来自己增强自信心，因为当孩子面对挫折时，对自己能力的态度会影响孩子的所作所为。孩子需要知道能力是可以培养的。如果孩子产生自我设限的想法、认为自己的天赋无法提升，就有可能低估自己、放弃挑战。并且不再尝试。如果孩子拥有成长型思维，知道自己可以不断提高能力，挑战对于孩子而言就是一次学习与提升的机会。目前，神经科学证实了成长型思维，随着不断的学习与实践，孩子大脑中的突触就会不断地被强化。结果表明，具有成长型思维的孩子更容易成功，获得更好的成绩，并且在面对挑战时表现得更出色。

能力是自信心产生的基础，能够发挥出自身能力的孩子以及能力被肯定的孩子更容易产生自信，能力的强大可以让孩子以稳定的情绪和状态面对环境的变化。在面对挑战时，孩子普遍会有以下几种态度。自信的孩子说："我能行"，不自信的孩子说："我不行"，其余的孩子回答："不知道"。这是孩子最常出现的三种态度。孩子一般去做出这样的评判基础是基于过往的经验以及外在的实际环境。譬如，家长让孩子去参加一个800米的跑步，如果孩子平常没有跑过800米，孩子大概率会回答说："我不行"。当孩子自我感觉良好时，孩子可能因为心情愉悦而回答说："我没参加过800长跑，但是也能跑"。如果是孩子本身擅长跑步，孩子肯定会回答说："我能行"。所以，平日里提高孩子的能力，可以逐渐地提高孩子在特定方面的自信心。在某种程度上，能力与自信二者是相辅相成的。爱默生说："自信就是成功的第一秘诀。"只有孩子相信自己有能力，才有动力去提升能力。由外而内的不断增强自己的自信心，使自己可以更好地去发现自己的优势。自信心强的孩子能够从内心深处坚定自己的想法，从而不断去进行实践。在此过程之中不断去总结自己的失误与不足，从而不断提升自己外在的能力，以消除外在别人对自己的干扰因素，以此去实现自己的理想和抱负获得成功。其次，提高孩子能力需要家长有足够正确的引导与耐心培养。并且能够树立孩子的志向与目标，这样孩子才会产生坚持不懈的动力，才能在流言蜚语的不断打击之下仍能够昂首挺胸的大步向前。

　　对于年龄小的孩子。父母常用成人的眼光去看待孩子的行为，认为孩子已经没有几件事值得表扬。可是孩子做好"简单"的事已经实属不易，良好的习惯是由简单的行为累积而成的，只有做好简单的小事，才能慢慢提升难度，做出让家长更骄傲的事情，就要培养系统的好习惯，因此，每一点小的成就都非常需要家长进行慷慨的鼓励和表扬。年龄愈小，需要的表扬就愈多，随年龄的增长和能力的提升，渐渐提高表扬的标准。

　　家长都希望孩子阳光、乐观、积极，那么就不要打压孩子，多多表扬和鼓励，充分了解孩子的自我评价，引导孩子正视成功和失败、正确看待身材和外表、认可孩子的能力和价值、帮助孩子树立跳一跳够得着的目标，在生活中的每一天保护孩子的自信心，提高孩子的能力，让孩子勇敢地面对挑战，用积极、乐观的心态面对生活。

工具

　　工具名称：优点卡片

　　使用目的：帮助孩子认识自我，发现自身优点。

　　使用方法：让孩子在彩色卡片上写出自己的五个优点，每张卡片上写一个，让父母来猜。在家长猜的过程中，家长要多说一些孩子的优点，并强调自己对孩子的喜欢。在游戏的结尾帮助孩子正确认识自我。

作业

当家长想要批评孩子时，忍住想要批评的语言，转化为对孩子的认可和鼓励。

模块五　儿童的自我认同发展

第3节　性别认同的发展

案例

> 君君是一个身体瘦弱、性格腼腆的7岁男生，和其他同龄的男生相比，君君不喜欢汽车模型，而喜欢Hello Kitty等毛绒玩具。日常穿着，君君也更偏好粉色的衣裤。妈妈为此很苦恼，担心孩子长大会过于女性化。

个体自我认知发展非常重要的一个环节是性别认同的发展。什么叫性别认同呢？性别认同是指儿童对于自身性别的正确认知。大部分的儿童在2岁左右就会开始形成正确的自我认同，即"我是男孩"或"我是女孩"。6~7岁这种性别认同会趋于稳定，也就是说6~7岁男孩子一旦认定了自己是男孩，无论穿什么样颜色的衣服或者玩什么样的玩具，他依然会认同自己是个男生。

案例中的妈妈担心孩子长大以后会"过于女性化"其实本质上是担心孩子性别角色的发展出现偏差。什么叫性别角色呢？性别角色是社会大众对男性和女性各自的适宜的行为方式和活动的共识。妈妈认定大众对男性的认知是阳刚的、雄壮的、勇敢的，认为男生应该喜欢汽车，应该穿蓝黑色，所以担心君君的表现与大众的期待有差距，更害怕这种差距给孩子招来歧视与偏见，让孩子无法融入同龄同性别群体。

人无法脱离社会而存在，首先必须理解，妈妈的担忧是正常的。当然我相信社会的发展方向必然是更多元更包容的，在多元包容的社会中，个体表现与主流期待的差异会得到越来越多的接纳。但是在当下，我们也的确看到很多人因为自己的"不一样"而感到痛苦。那么作为父母碰到这样的孩子应该怎么办呢？

心理学家厄利安的研究显示，个体性别角色发展主要有三个阶段，第一阶段为6~8岁，是生物取向阶段，这时候性别角色的发展主要以男性和女性的生理差异和特征为依据。上面案例中的君君仍处于性别角色发展的第一阶段，如果希望培养孩子更男性化的特质，可以在孩子的生理特征方面做一些努力。案例中的他比较瘦弱，这样的生理特征可能本身就会让孩子在男生群体中被欺负和排挤，让孩子觉得跟女孩子一起比较安全和舒服，从而行为上更靠近女生。如果由孩子的父亲经常带孩子进行体育锻炼，强健体魄，一方面可以增强君君在生理特征上的雄性特点，另一方面也可以借由父子频繁互动，让父亲给君君树立性别角色的榜样。

科学研究表明母亲与孩子建立的关系是"依恋式的关系"，主要帮助孩子发展安全感。父亲与孩子建立的关系是"启发式的关系"，帮助孩子发展规则感和权威感是这重关系非常重要的使命。父亲通过和孩子不借助任何玩具和工具的追跑、推搡、抱举等肢体接触类活动，能够让孩子感受到父亲的力量和保护。男孩子在这一互动过程中更容易形成对男性性别角色的正确认识，而女孩子在这一互动过程中可以构建出和异性互动模式的基础蓝图。

厄利安的性别角色发展理论的第二阶段为9~12岁，性别角色的发展以社会文化的要求为依据。随着网络使用在儿童群体中的普及，大众传媒塑造出来的偶像形象也似乎影响着儿童对于性别认同的发展。大众传媒中性化的审美取向，让更多的"花美男"和"中性女生"进入到未成年人的视野，他们代表着潮流和时尚，极易引起未成年人（尤其是处在青春期的未成年人）的模仿。因为是大众传媒的影响，所以家长能做的并不多。但是如果亲子关系良好，父母应该尝试了解孩子们的喜好，并且能坦诚地和孩子们交流。深入交流中，家长会发现，孩子模仿的雌雄莫辨的外表后面并不一定代表着性别认同的错乱，而可能仅仅是孩子为了好玩做的无伤大雅的青春的尝试。

当然如果家长还是希望预防这些潮流文化对于孩子们的冲击，最好的方式就是从小给孩子培养一至两个爱好。有深度地卷入爱好的个体，比较不容易受潮流文化的影响。

其实从总的趋势来看，当代社会是一个越来越多元化的社会。性别角色和性别特征在两性渐渐呈现出了一些融合趋势。我们会看到越来越多的男护士、男幼师、男保姆，也会看到越来越多的女警察、女程序员、女卡车司机。传统的社会的性别分工已经逐渐不那么壁垒分明。说起男孩子细心、温柔、时尚已经不是负面形容词。而女孩子也一定不要弱小、娇气。

很多心理学研究证明，一个拥有"双性化"个性特点的个体的心理健康程度其实高于纯女性化个体或者纯男性化个体。在职场中，拥有既细心又果断，对内温柔对外霸气的"雌雄同体"特质的个体也更容易在职场收获好评。

所以，如果我们的孩子表现出一定的传统上认为异性才具有的能力或者气质，是有道理，但从长远来看，可能要具备新的认知。

工具

儿童性别认同确认清单

请确认自己的孩子完成了以下哪些性别认同的任务。在完成的任务后面打钩，尚未完成的根据孩子的年龄选择辅导孩子完成或者延后完成。

1. 了解自己是男孩还是女儿。
2. 能够描述男性和女性的生理性别差异。
3. 初步知道生命从哪来。
4. 理解母亲怀胎十月的艰辛。
5. 了解基本的自我保护（隐私部位不允许父母以外的人碰触）。
6. 了解社会主流对各性别分工的期待。
7. 了解基本的性行为相关知识。
8. 掌握性行为中的自我保护的方式及其重要性。

9. 了解很多优点都是跨性别兼有，了解很多特长和技能都不属于单一性别。

10. 了解人的性别不会成为成功的限制。

作业

与孩子详细讨论性别认同确认清单上的10个议题，并认真记录孩子的答案。